**한번 과학적으로 생각해보겠습니다**

# 한번 과학적으로 생각해 보겠습니다

사카이 구니요시 **지음** | 김남미 **옮김**

바다출판사

"가장 소중한 것은 눈에 보이지 않아."

— 생텍쥐페리의 《어린 왕자》 중에서

과학에서 탐구 대상으로 삼는 자연계 현상 중에는 쿼크나 블랙홀처럼 어떤 실험 장치를 이용해도 눈으로 직접 볼 수 없는 것들이 있다. 그런가 하면 현상은 보이지만 구조까지는 볼 수 없는 경우도 있다. 과학적 사고를 하지 않으면 눈에 보이지 않는 것은 영원히 눈에 보이지 않는 맹점으로 남거나, 눈에 보이는 표면적인 설명으로만 그치고 만다. 하물며 보이지 않는 '법칙'을 찾아내기 위해서는 이론을 뛰어넘는 생각법이 필요하다.

인간이 자연현상을 이해하거나 기술로 응용하는 데는 한계가 있다. 자연의 섭리를 인위적으로 제어할 수 있다고 자만하면 예상치 못한 사태에 직면하게 될 것이다. 또한 검증이나 재현이 불가능한 실험이 사회를 뒤흔드는 사건도 빈번이 일어난다. 성과에 집착해 실리만을 기준으로 연구 성과를 평가한다면 과학이라는 섬세한 꽃은 시들고 만다.

반면 과학자가 겸허한 자세로 자연현상의 의문을 밝히고 '법칙'의 인식을 높이면 법칙 앞에 펼쳐진 심오한 세계가 보인다. 또한 지금까지 무관하다고 여겼던 여러 법칙들이 다양한 자연현상의 다른 표현일 뿐, 사실은 서로 연관되어 있다는 점을 깨달으면 한 단계 더 높은 수준의 이해에 도달할 수 있다. 그렇게 법칙 간의 관계를 설명할 수 있을 때 자연은 완전히 새로운 형태로 우리 앞에 나타난다.

과학은 재미있다. 이것이 과학자를 비롯해 과학을 지지하는 사람들이 가진 공통된 동기다. 과학의 묘미 중 하나는 완전히 별개인 것처럼 보이는 것들이 유기적으로 연결되어 있다는 점이다. 예를 들어 운동 법칙이 '빛'이라는 전자기 현상과 결합해 상대성이론을 탄생시켰다. 이처럼 생각지 못한 조합이 창작이나 아이디어의 원천으로써 학문이나 예술 전반에 영향을 미친다.

이 책은 과학의 핵심 이론과 최신 주제를 통해 '과학이라는 생각법'을 소개한다. 고등학생부터 읽을 수 있도록 전문 지식을 전제로 한 설명은 되도록 피했다. '💡' 표시가 붙은 부분은 독자들께 드리는 과제다. 종이와 펜을 준비하고 직접 생각해보기를 권한다. 자매편《세상에서 가장 재미있는 상대성이론》(지브레인, 2018)에는 이 책보다 더 발전된 내용이 담겼으며 수식을 포함하는 부분과 이 책의 8장을 잇는 9~11장이 실렸다. 더 자세히 이해하고 싶은 독자라면 두 권을 함께 읽기를 추천한다.

또한 '찾아보기' 부분을 특히 신경 써 작업했다. 찾아보기에 실린 용어나 인명이 본문에 처음 등장하거나 특별한 설명이 붙으면 굵게 표시했다. 책을 읽다가 궁금한 용어가 생기면 찾아보기를 활용하기 바란다. 하나의 용어를 찾아보기에 실린 차례대로 살펴보면 이해가 점점 깊어질 것이다. 본문에 깔린 복선은 찾아보기를 자유자재로 활용함으로써 밝혀지리라 생각한다.

소위 머리가 좋은 우등생은 가능한 한 효율적으로 많은 지식을 얻고자 노력하기 때문에 학습량이 늘어나는 만큼 놀라거나 뜻밖이라고 느끼는 일이 줄어든다. 하지만 고등학교나 대학에서 요구하는 학습의 '범위'를 벗어나는 주제를 파고드는 것을 주저하는 경향 또한 존재한다. 그러나 용기를 내서 어려운 문제에 도전해 스스로 생각하고 이해했을 때 얻는 성취감과 뿌듯함은 무엇과도 바꿀 수 없는 특별한 경험이다. 바로 이것이 앞서 말했듯 연구를 지속하게 하는 주요 동기다.

과학 연구에서는 과학의 흐름을 변화시키는 것, 특히 흐름을 가속화하거나 흐름의 방향을 바꾸는 것을 '발견'으로 여긴다. 반면 제자리에서 발견의 조각들을 연결하는 작업이나 발견에 필요한 조건을 다시 음미하는 일은 그보다 중요하지 않다고 생각하는 경향이 있다. 또 대학에 다니는 4년 동안 모든 것을 이해한 듯 보이지 않으면 최첨단 연구에 다가서지 못할 가능성도 있다. 이런 흐름에서는 과거의 시행착오를 되짚으며 연구 과정의 빈틈을 채우고 이해하는 일이 뒤로 밀려나게 된다. 이 책에서는 단편적으로 파악하기 쉬운 기본 법칙이나 개념을 테마마다 유기적으로 연결하고자 노력했다. 과학의 기본적인 생각법이나 흐름을 파악하는 센스를 갖췄다면 어떤 과학 분야에서도 미아가 될 일은 없다. 생물학은 물론 필자처럼 뇌과학이나 심리학, 언어학 방면으로 진출하더라도 물리학적 생각법, 예를 들어 인과관계에 대한 깊은 이해가 필요하다는 점을 특히 강조하고 싶다.

'진정한' 과학적 생각법을 보여주기 위해 되도록 가공하지 않은 1차 자료를 인용하려고 노력했다. 인용한 문장은 출처를 표시해뒀으니 관심이 있다면 원문을 찾아 전후 맥락을 살펴보기 바란다. 또한 번역은 옮긴이 이름을 표기한 것 외에는 전부 인용자의 작업이며 [ ]은 특별한 언급이 없는 한 인용자의 주석이다. 그림은 이전 저서나 그 밖의 문헌에서 인용한 것도 있지만 대부분은 이 책을 위해 오오쓰카 사오리 씨가 그려주었다. 재치 넘치는 일러스트를 그려주신 것에 감사의 말을 전한다.

이 책은 2009~2011년 동안 도쿄대학교 교양학부 1, 2학년을 대상으로 열린 문과 공통선택과목 '과학이라는 생각법'을 통해 첫 준비를 시작했다. 이 강의는 2006~2014년에 진행된 이과 필수과목 '역학'의 내용을 발전시킨 것으로 주제와 내용은 자유롭게 선택했다. 두 번째 준비 단계는 2014년에 아사히 문화센터 신주쿠 교실에서 강의한 '과학이라는 생각법'이었다. 이 강좌에는 19세부터 80대에 이르는 폭넓은 나이대의 수강생들이 참여했으며, 이들은 수많은 질문과 의견을 제시했다. 도쿄대학교 교양학부 3학년생이었던 수강생 요시다 히토미 씨는 최초의 원고를 읽고 이해하기 어려운 부분을 지적해주었다. 또 전 도쿄대학교 부속 중등교육학교 부교장(물리)이었던 무라이시 유키마사 선생님은 물리 교육의 경험을 바탕으로 세세한 조언을 아끼지 않았다. 이 자리를 빌려 깊은 감사의 말씀을 전한다.

저자인 나 또한 어떻게 하면 이해하기 쉽게 설명할 수 있을까 고민을 거듭하던 중 새삼 자연의 심오함을 느꼈다. 이 마음을 독자 여러분과 공유할 수 있다면 그보다 기쁜 일은 없을 것이다.

2016년 2월, 도쿄 요요기에서

사카이 구니요시

# 차 례

# 1장

# 한번 과학적으로
# 생각해봅시다

"도대체 물리학에 수학이 왜 필요한가요?"

"생물학 분야로 진출하려는데 물리학이 필요한가요?"

대학에서 물리학을 가르치다 보면 학생들로부터 이러한 질문을 수없이 받는다. 수학, 물리학, 생물학은 분야의 차이는 있겠으나 과학은 결국 하나이고 서로 긴밀하게 관련된다. 과학의 발견에서 보이는 개개의 '발상Idea'뿐 아니라 어느 분야에서나 공통되는 '사고법ideas'에 주목해보자.

## 자연과학의 원칙

과학은 사물의 진리를 탐구하는 학문이다. 과학과 관련된 한자어로 '격물格物'이라는 단어가 있는데 일본에서는 이를 '물에 이른 다'는 뜻으로 설명한다. 덧붙이자면 이것은 사물의 이치를 추구한 다는 의미로 훗날의 서양 과학도 중국에서는 '격물'이라고 불렸 다. 참뜻은 과학의 대원칙인 사물의 오의奧義를 밝힌다는 것이다.

그리스 시대에 싹을 틔운 자연과학은 지금으로부터 약 400년 전에 근대 과학이 탄생한 이후 수많은 발견을 통해 발전해왔다. 그 발전을 뒷받침한 것은 '가설과 검증' 또는 '이론과 실험'의 밀 접한 결합이었다. 이론적인 가설이 실험의 가능성을 넓히고, 새 로운 실험 결과가 다시금 이론의 새 발견을 촉구했다.

또 원리와 법칙을 기초로 하는 물리학의 방법론은 자연과학 은 물론 인문과학에도 큰 도움이 된다. **자연법칙**에 대한 이해가 깊으면 특수한 사례를 섣부르게 일반화하거나 반대로 예외적인 사례에 현혹되어 일반화하지 못하는 실패로부터 벗어날 수 있 다. 과학은 단순히 지식을 축적하는 학문이 아니다. 새로운 법칙 을 발견하기 위해서는 지식보다 '이해'가 훨씬 중요하다. '아는 것보다 이해하는 것'이 과학의 핵심이다.

과학이 다루는 문제 대부분은 논리적 사고력을 배양하기 위 한 토대가 된다. 물리학에는 언뜻 보기에는 단순하지만 파고들 다 보면 심오하며 실제 상황에서 해결 가능한 문제가 많다. '자 연계의 불가사의는 인간의 지혜로 해결할 수 있다'는 확신 또는 신념이 있어야만 인간이나 사회처럼 복잡한 문제에도 과감히 도전할 수 있다.

# 이 책의 목적

이 책의 목적은 세 가지다. 첫째로 법칙의 발견이라는 창조적인 과정에 등불이 되고자 한다. 가설 검증형 과학 연구에서는 '기승전결'과 꼭 닮은 '가설·검토·발상·검증'이라는 흐름이 기본을 이룬다. 먼저 미지의 문제에 대해서 가설을 설정하고 그 가설을 토대로 문제를 검토한다. 그리고 새로운 발상으로 눈앞의 문제점을 해결하면 마지막으로 그것을 검증해서 열매를 맺는다. 이러한 실질적인 과정을 거쳐 발견에 필요한 사고의 기본 수순을 밟는다.

둘째로 수학을 뛰어넘는 물리학이 다루는 법칙의 의미를 밝히고자 한다. 수학과 물리학의 관계는 언어학과 문학의 관계와 비슷하다. 문학은 언어의 예술이기 때문에 언어의 특성이나 제약에 영향을 받을 수밖에 없다. 마찬가지로 물리학도 수학의 특성이나 제약에 영향받는다. 하지만 언어학을 응용하여 문학 작품이 탄생하는 것이 아니듯 수학을 응용하여 물리학이 도출되는 것도 아니다. 뛰어난 문학 작품에 인간에 대한 깊은 통찰이 담긴 것과 마찬가지로 물리법칙에는 자연에 대한 깊은 고찰이 반영되어 있다.

셋째로 '과학적 인식'을 통해 물리학에서 뇌과학으로 이어지는 길을 추구하고자 한다. 인간의 세계관이나 자연과학의 태도는 뇌가 가진 생물학적 제약을 벗어나기 어렵다. 따라서 인식과 사고의 메커니즘을 탐구하는 것은 인간에 대한 깊은 이해로 이어진다.

이 책은 법칙을 발견하게 된 역사적 경위를 중요하게 다루지만 과학사를 기술하는 데 목적이 있지는 않다. 오히려 당대의 역사를 뒤바꿀 만한 혁명적인 가설이나 발상이 어떻게 탄생하고 검증됐는지에 집중한다. 이 정신은 **볼프강 파울리**(Wolfgang Pauli, 1900~1958)의 강의록을 편찬한 엔츠(Charles P. Enz, 1925~)의 이 같은 말과 일맥상통한다.

> 파울리의 강의는 역사적 발견을 중시하는데 이것은 공리주의적 태도와 좋은 대조를 이룬다. 현대 물리학의 창시자 가운데 가장 이성적인 사람이었던 파울리는 역사상 새로운 발상이 탄생하게 된 비합리적인 배경에 매력을 느꼈다. 이것이 그의 강의가 시대에 뒤처지지 않는 이유다.[1]

혁명적인 발상 뒤에는 비합리적인 배경과 상식을 뛰어넘는 의외성이 존재한다. 예를 들어 **알베르트 아인슈타인**(Albert Einstein, 1879~1955)은 지구의 공전이 빛의 속도에 영향을 주지 않는다는 실험 결과를 알지 못했지만 상대성이론을 완성했다. 결과에 맞게 '합리적으로' 상대성이론을 만든 것이 아니라 그 결론이 상식에 반하는 것인데도 자신의 생각을 관철시켰던 것이다.

# 이해 수준에 맞는 목표

이 책과 같은 과학책을 읽을 때는 현재 자신의 이해 수준에 맞는 적절한 목표를 설정하는 것이 중요하다.

초급자는 아는 것을 조금씩 늘려가며 과학적으로 생각하고 즐기는 것을 목표로 한다. 직소퍼즐처럼 전체적인 그림이 파악되면 각 부분에 남은 의문은 해결하기 쉽다. 마음에 걸리는 부분은 메모를 하거나 물음표 등으로 표시해두고 이리저리 생각하면서 읽어보자.

중급자는 지금까지 어려워서 피해왔던 문제를 이해하는 것부터 목표로 삼는 것이 좋다. 상대성이론이 그 전형적인 주제다. 내 강의를 수강했던 한 학생은 '이 수업을 듣지 않아 평생 상대성이론을 이해하지 못했을 것을 생각하면 두려움마저 든다'라는 감상평을 남기기도 했다.

상급자는 법칙에 가려진 '아름다움'을 음미하며 더욱 깊고 통일된 자연과학적 해석을 지향하는 것을 목표로 한다. 법칙의 의미를 이해하고 나면 미적 감각이 한층 성숙해진 것을 느낄 수 있을 것이다. 법칙에 숨겨진 깊은 의미를 자신의 언어로 설명하는 것은 연구자가 갖추어야 할 자질이다.

## 과학적 사고력을 익히려면

고등학교까지의 수학이나 과학에서는 공식 외우는 것을 우선시한다. 실제로 이때의 교과 과정에서는 공식을 사용해 문제 푸는 능력을 요구한다. 그러나 공식에 구체적인 수치를 대입하는 계산 문제나 기본 문제를 반복해서만은 과학적 사고력을 터득할 수 없다. 과학적 사고력은 법칙을 유도하는 과정이나 법칙이 적용되는 범위를 옳게 이해하는 과정에서 발휘되기 때문이다.

또한 일단 공식을 외우고 나면 그 공식에 대한 의문이 봉인되기 쉽다. 과학적 사고력은 기억력이나 계산력과는 달라서 반복 연습과는 다른 방법으로 길러야 한다.

과학적 사고력을 익히기 위한 확실한 방법은 납득이 갈 때까지 스스로 생각하는 것이다. '아무리 생각해도 모르겠어', '시간만 걸리고 헛수고야'라고 말하며 포기하지 말고 스스로 이해할 때까지 끊임없이 생각하라. 연구자가 되기 위해서는 10대 시절부터 생각하는 습관을 기르는 것이 중요하다.

## 자연법칙과 인간

자연법칙은 과연 인간과 어디까지 관련되어 있을까? 물론 자연계 현상은 인간이 법칙을 발견하느냐 못하느냐에 상관없이 일어나고, 인간이 만든 기술로 자연법칙 자체를 바꿀 수는 없다. 하지만 자연법칙이 자연에 대한 인간의 인식을 반영한다는 점만은 분명하다. 아인슈타인은 다음과 같이 말했다.

> 과학은 서로 관련 없는 사실이나 법칙들을 모아둔 카탈로그 같은 것이 아니다. 과학은 인간의 지성이 만들어낸 하나의 산물이며, 자유로운 사고와 개념을 수반한다.[2]

자연법칙에서 느껴지는 신비로움 때문에 이를 '신의 법칙'이라고 생각할 수도 있다. 하지만 어떤 법칙이든 과학이 진보함에 따라 수정될 가능성이 있으므로 이 생각은 옳지 않다. 만약 지구가 아닌 다른 별에 외계인(지적 생명체)이 존재한다면 그들도 인간이 발견한 자연법칙과 같은 것을 발견했을까? 설령 외계인의 지성을 지배하는 것이 '뇌'라고 하더라도 그것이 인간과 같은 구조와 기능을 갖췄다고 단정 짓기는 어렵다.

인간의 뇌는 인간이 지구 환경에 적응해가는 과정에서 우연한 유전자 변이를 수없이 거쳐 진화해왔다. 외계인이 인간과는 전혀 다른 관점과 사고로 법칙을 발견했을 수도 있지만 동물과 인간의 차이조차 해명하지 못하는 현재의 과학으로는 안타깝게도 외계인의 지성을 과학적으로 조사하기는 어렵다.[3] 또한 만약 외계인이 인간보다 뛰어난 지성을 갖추었더라도 우리에게 우호적일 것이라고 장담할 수는 없다.

## 물리학과 수학의 행복한 관계

이쯤에서 이 장의 앞부분에서 제기된 "도대체 물리학에 수학이 왜 필요한가요?"라는 질문에 답하고자 한다.

먼저 물리법칙은 대부분 수식으로 표현되기 때문에 수학 지식이 없으면 법칙이 의미하는 바를 이해하기 어렵다. 하지만 수학 지식이 늘어난다고 해서 물리학이 자동으로 이해하게 되는 것은 아니므로 수학과 물리학을 모두 배울 필요가 있다.

앞서 과학의 발전에는 비합리적인 면이 있다고 했지만 과학의 밑바탕에 '논리적 사고'가 존재한다는 점에는 변함이 없다. 수학으로 익힌 엄밀한 논리 전개와 논증법은 과학 전반에 필요한 소양이다. 실제로 논리를 비약하거나 조건 관계를 옳게 파악하지 못하면 치명적인 결함으로 이어진다.

아인슈타인은 어느 중학생에게 받은 편지에 "수학을 못한다고 괴로워하지 마세요. 수학 때문에 훨씬 괴로운 사람은 분명 나니까요"[4]라고 답장했다. **갈릴레오 갈릴레이**(Galileo Galilei, 1564~1642)는 다음과 같이 말했다.

> 철학은 우리 눈앞에 끝없이 펼쳐진 이 거대한 책(즉 우주) 속에 쓰였습니다. (……) 이 책은 수학적 언어로 기술됐고 삼각형과 원, 기하학적 도형이 글자입니다. 이러한 수단 없이 인간의 힘만으로는 그 말을 이해하지 못합니다.[5]

여기서 '철학'은 자연철학, 즉 자연과학을 뜻한다. '수학적 언어'에는 **기하학**(도형이나 공간의 성질에서 발전되어 추상화된 점·선·거리 등을 다루는 분야)뿐 아니라 **대수학**(정수론 등 대수계라고 하는 집합을 다루는 분야)과 **해석학**(미적분학 등 극한이나 수렴과 같은 개념을 다루는 분야)을 포함시키는 것이 더욱 정확하다.

갈릴레오에서 더 거슬러 올라가 로저 베이컨(Roger Bacon, 1214~1294)은 이미 1267년 《대저작》에서 "모든 학문에 수학이 필요하다는 것은 이성적으로 증명됐다"라고 적었다. 13세기 당시 서양의 학문 체계에서 이과 교양 과목은 산술·기하학·천문학·음악으로 구성된 4과목이었고, 문과 교양 과목은 문법·논리학·수사학(레토릭, 언어 표현 연구)으로 구성된 3과목이었다. 베이컨의 증명이 정답이라고 말할 수는 없지만 몇 가지 발췌해본다.

1. 다른 여러 학문에서 수학적 예시를 몇 가지 사용 중이다.
2. 수학적 인식은 우리에게 이른바 선천적인 것이다.
3. '수학'이라는 학문은 철학의 모든 부문 가운데 가장 먼저 발견됐다.
4. 우리는 본디 더 쉬운 것에서 더 어려운 것으로 나아간다. 그런데 '수학'은 가장 쉬운 학문이다. 이것은 인간이라면 누구나 지성을 갖추었다는 사실로부터도 명백하다.
   (……)
8. 확실한 사실은 모든 의혹을 밝히고 견고한 진리는 모든 오

류를 무효화한다. 그런데 우리는 수학에서 오류가 없는 완전한 진리에, 의혹이 없는 만물의 확실한 진리에 도달할 수 있다. 수학에서는 고유의 필연적인 원인을 통해서 논증이 이루어지고, 논증은 진리를 인식시키기 때문이다.[6]

특히 마지막 문장은 수학에서 이루어지는 논증의 의의를 단적으로 보여준다. 또 수학적 인식이 '선천적'이라고 했는데, 수학은 인간이 선천적으로 갖춘 언어 능력을 뒷받침한다.

한편 수학 능력은 개인의 자질과도 관련이 있다. **리처드 파인먼**(Richard Feynman, 1918~1988)은 "수학을 모르는 사람에게 자연의 아름다움, 그 가장 농밀한 아름다움에 대한 진정한 감동을 일깨우기는 어렵다"[7]라고 말했다. 특히 수학의 미적 감각을 중시한 **폴 에이드리언 모리스 디랙**(Paul Adrien Maurice Dirac, 1902~1984)은 "지극히 아름답고 강력한 수학 이론이 기본적인 물리법칙을 설명하는 것은 자연의 기본적인 성질 중 하나"[8]라고 말했다.

수학 이론은 용어를 정확하게 정의하는 것에서부터 출발한다. 개념이 애매한 상태에서는 정확한 증명이 불가능하기 때문이다. 이것은 물리학도 같다. 하지만 물리학에서의 개념은 그 정의나 실재가 밝혀지지 않은 채 쓰이기도 한다. 과학이 가설 검증형 학문인 이상 어쩔 수 없는 일이다.

# 문과의 이해법 vs. 이과의 이해법

인간의 본성이나 문화를 연구하는 분야를 인문과학이라고 한다. 영어로는 'humanities'라고 쓰며 '과학'이라는 글자가 붙지 않는다. 한편 자연현상을 연구하는 분야는 자연과학natural science이라고 한다. 두 분야는 흔히 말하는 문과와 이과에 대응한다. 인간 과학human science은 인간 자체를 대상으로 하는 과학으로 두 분야 모두에 포함된다.

자연과학에서는 중요도 평가를 제외하면 개인의 기호는 되도록 배제된다. 케플러의 법칙(3장 참고)은 좋지만 뉴턴의 법칙(4장 참고)은 싫다거나, 베토벤의 곡은 좋지만 브람스의 곡은 싫다는 식의 개인적 취향은 과학이라고 할 수 없다.

물론 문화나 예술 작품에 대한 개인의 해석은 어느 정도 선까지는 허락된다. 과학에서도 동일한 자연현상을 두고 해석이 크게 나뉘는 사례가 분명히 있다. 이과에서 주관적인 관점이 전혀 쓸데없다는 뜻은 아니다. 오히려 이과의 이해법은 문과의 이해법 못지않게 '인간'에 의존한다.

이과에서는 하나의 답을 추구하기 때문에 그 답을 이해하는지 못하는지가 명백하지만, 문과에서는 대체로 답을 하나로 한정하지 않는 것이 일반적이다. 또한 문과가 사고의 다양성이나 개성의 차이를 중시하는 데 반해 이과는 오히려 인간 마음의 공통성이나 보편성을 기본적 바탕으로 삼는다. 하지만 이과에서도 답이 하나가 아닌 경우가 있고, 기본적인 문제를 두고 격렬한 논쟁을 벌이기도 한다. 따라서 문과와 이과의 차이에 관계없이 생각을 통해 사물의 법칙을 깨닫는 것에 전념해야 한다.

## '이해하기' 위한 4단계

이해한다는 것에는 논리적으로 곰곰이 생각하고 이해하는 경우뿐 아니라 직감적으로 이해하는 경우도 포함된다. 이때 이해하는지 못하는지는 대개 자각할 수 있다. 그리고 자신의 사고 과정을 논리적인 언어로 표현하는 것이 가능한 경우와 그렇지 않은 경우가 있다.

습득 단계에 따라 이해한다는 감각은 큰 차이가 나기 때문에 다음의 4단계로 나눠볼 수 있다. 이것은 앞서 말한 이해 수준에 맞는 목표와도 관련된다. 자신이 어디에 해당하는지 스스로 파악해보길 바란다.

먼저 초급자는 자신이 어느 부분을 이해하지 못하는지를 모른다. 그런 사람에게 "어느 부분이 이해가 안 가?"라고 물어서는 안 된다. 이런 상황에서의 대처법은 어려움을 분할하는 것이다. 어려운 부분을 몇 개로 나누어 이해하는지 못하는지 하나하나 검토하는 것이다. 그러면 어디까지 이해하고 어디부터 이해하지 못하는지가 분명해진다.

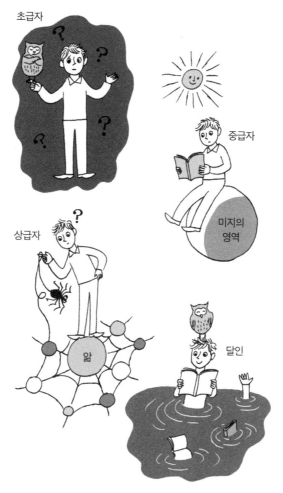

초급자

중급자

미지의
영역

상급자

앎

달인

**그림 1-1** '이해하기' 위한 4단계

학문의 방법을 구체적으로 고찰한 **르네 데카르트**(René Descartes, 1596~1650)도 "어려운 문제 하나하나를 최대한 많이, 더욱 잘 해결하기 위해 필요한 만큼 작은 부분으로 나눌 것"[9]을 권했다.

다음으로 중급자는 아직 이해하지 못한 부분이 상당하다는 것을 깨닫지 못하고 대체로 이해했다고 여긴다. 그만큼 초심자일 때의 막연한 불안감에서는 벗어났다. 하지만 누군가가 말해주거나 검색을 통해 얻은 지식은 기본적으로 수동적이다. 이해하기 위해서는 납득이 갈 때까지 능동적으로 생각하고 자신의 것으로 소화해야 한다. 돌아가는 길을 마다 않고 반복해서 책을 읽으며 생각하는 것이 가장 빠른 길이다. 학문에 왕도는 없다.

상급자는 지식들을 개별적으로 이해하기는 하지만, 그들 간의 관계는 모르는 경우가 많다. 얼핏 달라 보이는 것 사이에서 그때까지 보지 못했던 관계를 발견하면 더욱 깊은 진리에 도달한다. 여기에 학문의 매력이 있다.

마지막으로 달인의 영역에 다다르면 자신이 이해한 문제 안에 더 많은 심오한 이치가 담겼음을 깨닫는다. 아무리 이해해도 그 끝에는 더욱 깊이 이해해야 할 세계가 펼쳐지는 것이다. 하지만 절망이나 두려움을 느끼지 않는다. 오히려 신이 나서 끝을 알 수 없는 늪을 모험하는 것 같은 재미를 느낀다. 이것은 미지에 대한 갈망이 빚어낸 것일지도 모른다. **도모나가 신이치로**(朝永 振一朗, 1906~1979)는 다음과 같이 말했다.

수학을 공부하고 진정으로 이해했다는 기분을 느끼려면 그 수학을 만들어냈을 때의 수학자의 심리에 조금이라도 다가서야 한다. 증명을 하나하나 이해했다는 것은 영화 필름을 한 컷 한

컷 본 것과 같다. 그렇게 해서는 영화의 전체 줄거리를 알지 못한다.[10]

물리학뿐 아니라 다른 과학 분야에서도 법칙을 발견한 사람의 심리에는 그것을 발견하고자 한 동기에서부터 발견하기까지의 일관된 흐름이 있을 것이다. 이 책에서는 과학자의 심리를 여러 각도에서 들여다보고자 한다.

## 수학과 물리학은 어떻게 다를까?

순수수학(기초적인 수학)과 물리학의 차이를 단순화해서 말하면 대상과 제약의 차이라고 할 수 있다. 순수수학은 수학의 개념 자체가 대상이고, 수리적 성질과 논리적 정합성의 제약을 받는다는 것을 제외하면 강력한 일반성을 지닌다. 실제로 같은 형태의 방정식에서는 실제적인 의미와 상관없이 완전히 동일한 해가 얻어진다.

수학의 정리에서는 증명 끝에 Q.E.D.Quad Erat Demonstrandum라고 쓰는데, 이것은 라틴어로 "이상의 것은 이것으로 증명되어야 했다"의 약어이며 "이로써 증명됐다"라는 의미로 쓰인다.

한편 물리학의 대상은 자연계에 존재하는 것이고 자연현상이나 모형의 제약을 받는다. 또 수식에 나타나는 각각의 정수나 변수, 그것의 조합은 전부 자연법칙에 근거한다. 수학적으로 증명할 수 있는 법칙도 기본적으로는 실험을 통한 검증이 요구된다. 도모나가 신이치로는 물리학과 수학의 차이를 다음과 같이 말했다.

> 물리학자는 법칙을 수학화한 다음에는 오로지 수학적 조작만으로 다양한 결론을 이끌어내는데, 이때 얻어진 수학적 결론이 물리적으로 전부 동일한 가치를 가진다는 보장은 없습니다. 이를 확인하기 위해서는 수학적 조작이 이루어질 때마다 수식을 통해 묘사하는 세계로 되돌아가 식의 의미를 생각해야 합니다.[11]

즉 물리학에서는 '식의 의미'를 생각하고 '묘사하는 세계'인 실제 자연 세계를 고려하는 것이 요구된다. 수식은 일반적으로 좌변은 주어, 우변은 술어에 대응하며 한 문장으로 읽을 수 있다. 예를 들어 아인슈타인의 유명한 식 $E = mc^2$($E$는 에너지, $m$은 질량, $c$는 빛의 속도)은 '에너지는 질량 곱하기 빛의 속도의 제곱'이라는 문장과 같다.

여기서 $y = ax^2$과 $E = mc^2$을 비교해보자. 두 식은 형태는 비슷하지만 전자는 2차함수이고 $a$가 0이 아닐 때 포물선을 그린다. 한편 후자는 수학적으로 2차함수와 같은 의미가 없다.

또 $E = mc^2$은 단순히 질량의 '수치'를 대입해서 에너지의 값을 얻을 수 있다는 의미뿐 아니라 정지한 물체가 가지는 에너지가 질량만으로 결정된다는 점, 질량과 에너지가 물리량(4장 참고)으로서 등가라는 점을 동시에 의미한다(6장 참고). 이러한 자연법칙은 어디까지나 현실을 묘사한 것이며 수학 법칙과 반드시 일치하지는 않는다.

그리고 수학에서는 거의 없는 일이지만 물리학에서는 이 책 3장에 나오는 케플러의 제2법칙처럼 가설이나 추론이 틀렸더라도 결론 자체는 옳은 경우도 있다. 때로는 물리학뿐 아니라 과학 전반에서 논리의 비약이 필요한 상황이 있다. 기존의 가설이나 대다수의 예상을 뒤엎는 이론이나 실험에서는 '비합리성'이 매우 중요한 가치를 지닌다.


## 물리학과 생물학의 미묘한 관계

물리학과 수학의 행복해 보이는 관계에 비하면 물리학과 생물학의 관계는 약간 미묘하다. '과학은 하나'라는 점을 굳게 믿지만 두 분야가 미묘한 차이를 보인다는 것도 부정할 수 없다. 분자생물학의 문을 연 물리학자 **막스 델브뤼크**(Max Delbrück, 1906~1981)는 "어떤 법칙이 한정된 범위에서만 성립한다는 이유로 물리학자가 그 법칙을 얕보는 일은 없을 것이다. 하지만 생물학에서는 그렇지 않다"[12]라고 말했다.

뒤에서 설명하겠지만 물리학에서는 대체로 대상을 이상화하고 한정된 범위에서 엄밀한 법칙을 이끌어내려고 한다. 하지만 생물학에서는 지구상에 실재하는 모든 생물이 대상이며 '인공 생명'처럼 이상화된 '생물'을 가정하는 일이 거의 없다. 또한 유전, 발생이나 진화처럼 많은 종에서 공통적으로 나타나는 현상과 그 현상을 뒷받침하는 유전자, 단백질, 세포 등의 성질을 중요시한다.

반면에 특정 생물 종에서만 관찰되는 현상에는 무관심한 편이다. 나는 '인간의 특이성'을 연구 주제로 삼고 있는데, 인간이 동물의 일부에 불과하다는 암묵적 이해에 불편함을 느낀다.

그렇다면 물질에는 존재하지 않는 '혼'과 같은 뭔가 특별한 성질이 생물에는 있는 것일까? 파인만은 그 점을 완강히 부정한다.

> 생물 세계에서 나타나는 현상은 물리화학 현상이 빚어낸 결과이며 '그 외에 다른 무언가'가 있는 것은 아니다.[13]

물리 현상에 비해 생물이 특별해 보이는 것은 생명 현상이 물리 법칙을 따르지 않아서가 아니라 '생명 시스템'이라는 독특한 체계를 구성하기 때문이다. 이것은 초전도체가 통상의 물질에서는 볼 수 없는 성질(예를 들어 전기저항이 0인 점)을 띤다는 것과 별반 다를 것이 없다. 인간 또한 다른 동물에서는 볼 수 없는 독특한 성질을 가지며 '그 외에 다른 무엇'이 있는 것은 아니다.

# 진화론에 대한 '논쟁'

생물학의 주요 주제 중 하나인 '진화론'에 대해 조금 더 살펴보자. 진화라는 현상이 자연법칙을 따른다는 점은 의심할 여지가 없지만, 긴 시간에 걸쳐 우연적인 변화가 거듭된 결과이므로 재현성을 입증하기 어려운 면이 있다. 진화론은 생물의 '역사' 시나리오를 밝히기 위한 '논쟁'이 많은 부분을 차지하며, 과학 법칙으로 간주하기 어려운 부분도 많다.

애당초 진화에 '목적'이나 '필요성'은 존재하지 않는다. '해야 했기에 했다'라는 식의 논의나 '○○를 위해 진화했다'라는 식의 목적론에는 과학적인 근거가 없다. 예를 들어 '언어는 소통을 위해(사회생활에 필요하므로) 진화했다'라는 식의 논의는 과학적으로 잘못된 것이다.[14]

또한 진화는 반드시 연속적으로 일어나는 것은 아니지만, 생물권의 보편성을 중시한 나머지, 각각의 돌연변이가 불연속인데도 변이에 변이를 거듭해서 살펴보다보면 이를 연속이라고 간주하기 쉽다. 인류의 진화 계보가 원인猿人 → 원인原人 → 구인舊人 → 신인新人으로 연속적이며, 직선적인 형태가 아니었다는 사실은 이미 인류학에서 밝혀졌다. 어느 시기에 발생한 큰 변이가 본질적으로 다른 영향을 미친다면 그것은 불연속인 진화로 간주해야 한다.

진화에서 볼 수 있는 과학 법칙의 예로 기무라 모토(木村資生,

1924~1994)가 주장한 '중립이론'[15]이 있다. 분자 수준에서의 진화는 종의 존속에 득도 실도 되지 않는 중립적인 변화가 대부분이며 유전적 다양성을 낳는 원인이 된다. 언어의 탄생 또한 득도 실도 아닌 중립적인 변화에 불과할지 모른다. 단지 그것이 시간이 지나 인간의 지성이나 창조성의 원천이 된 것일 수도 있다.

종의 존속과 멸절은 대부분 우연이 지배하는 돌연변이나 환경 변화 때문에 일어나므로 미래의 모습을 필연적인 법칙으로 예측하기는 상당히 어렵다. 진화처럼 시간과 함께 변화하는 자연현상을 어디까지가 필연이고 어디부터가 우연인지를 밝혀낼 필요가 있다.

천문학에서는 별이 탄생해서 적색 거성을 거쳐 백색 왜성으로 변화해가는 법칙을 '별의 진화'라고 하고, 빅뱅우주론(8장 참고)을 '우주의 진화'라고 한다. 많은 사람이 두 가지 모두 물리법칙에 따른 필연적인 현상으로 여기지만, '우주'처럼 유일무이한 존재를 대상으로 그것이 우연의 산물인지 아닌지를 밝혀내는 것은 매우 어려운 일이다.


## 과학의 기초, 역학

역학은 문자 그대로 힘에 관한 물리학이다. 영어에서는 미캐닉스mechanics와 다이내믹스dynamics를 통계역학statistical mechanics과

열역학thermodynamics같이 구분해서 사용하지만, 일본어에서는 구별하지 않는다. 미캐닉스는 기계의 동작 원리를 의미하고, 다이내믹스는 운동의 기본 원리를 의미한다. 역학적 사고법은 물리학뿐 아니라 자연과학 전반의 규범이 된다.

과학의 목표는 자연현상의 기저에 있는 원리나 법칙을 밝히는 것이다. 즉 시종일관 현상만을 기술하는 '현상론'에서 벗어나 눈에 보이지 않는 메커니즘mechanism을 눈에 보이도록 건져내는 것이다. 역학은 물체의 운동이라는 한 분야에 국한된 체계이지만, 그만큼 상당히 심오한 부분까지 추구할 수 있기 때문에 과학 전반을 가로지르는 기초적인 사고법을 제시하는 것이 가능하다. 역학의 역사는 근대 과학이 탄생한 이후 400년에 이르는 지식의 모험이다.

## 언어학 모형으로서 물리학

과학적 사고법에도 '정석'이 있다. 언어학자 **노엄 촘스키**(Noam Chomsky, 1928~)는 물리학을 표본으로 삼아 새로운 '과학으로서의 언어학'을 완성했다. 이때의 지도 원리(2장 참고)는 다음과 같다.

1. 연구 대상을 기술하거나 분류하는 것에 몰두하기보다 설명

에 힘쓴다.

2. 광범위하고 다양한 탐구가 불가능하더라도, 확고한 이론을 구축할 수 있도록 연구 대상의 범위를 좁힌다.

3. 추상도 높은 이론을 완성하여 이상적 상태를 가정함으로써, 오감을 통해 얻는 데이터보다 현실을 더욱 잘 이해할 수 있는 가설 모형을 구축한다.[16]

이렇게까지 단적인 정리는 물리학 교과서에서도 보기 어렵다. 과학에서 '설명'은 생명과도 같다. 연구 대상을 기술하거나 분류하는 것으로 끝나서는 안 된다.

그다음으로 연구 대상을 좁히는 것도 중요하다. 생물 전반에 대한 폭넓은 적용을 목표로 하는 생물학도 일단은 어느 특정 종에 한해 실험하는 것이 일반적이다. 폭넓은 설명보다는 자세한 설명으로 질을 높이는 것이 중요하다.


## 과학적 사고에 필요한 '추상화'

앞서 말한 세 가지 '정석' 가운데 '추상도 높은 이론을 완성한다'라는 말은 불필요한 부분은 잘라낸다는 뜻이다. 이를 가능하게 하는 것이 사상력(捨象力, 공통의 성질을 뽑아내기 위해 낱낱의 특수한 성질을 고려 대상에서 제하는 일-옮긴이)이라는 능력이다. 불필요하고 표면적인 요소를 잘라내면 본질이 보이기 시작한다. 물론 추상화된 생각은 그만큼 난해하고 이해하기 어려울 수 있지만 이해의 정도를 높이기 위해서는 꼭 필요하다.

그림 1-2에 있는 벚꽃을 예로 들어보자. 벚꽃은 품종마다 색, 형태, 향기 등이 미묘하게 다르다. 과연 이 중에서 어떤 특징을 남기고 잘라내면 좋을까?

과감하게 추상화해서 '정오각형'이라는 성질만을 남겨보자. 그러면 많은 꽃이 공통으로 지닌 '회전 대칭성'이라는 아름다운 원리가 보이기 시작한다. 도라지꽃은 꽃봉오리가 맺힐 때부터 완전한 정오각형이고, 백합은 정육각형이다. 꽃이 아름다운 이유와 대칭성 사이에 관련이 있는 것이다.

호박도 실은 정오각형 모양이다(그림 1-3). 우리는 이 두 장의 사진에서 형태는 달라도 정확히 5 또는 그 배수인 10을 기본으로 하는 규칙성을 발견할 수 있다.

**그림 1-2** '추상화'란 잘라내는 것

**그림 1-3** 호박은 정오각형
(저자 촬영)

## '이상화'는 과학의 일반적 수단이다

'이상적 상태를 가정한다'라는 말은 당장은 불필요한 면을 보지 않겠다는 뜻이다. 이상화를 통해 현실에서 멀어지는 것이 아니라 현상의 본질을 꿰뚫어 더욱 당연히 단순한 모형을 구축하는 것이다. 하지만 이상화가 이루어지면 당연히 법칙이 성립한다고 생각하는 것은 잘못이다. 법칙은 이상화에 앞서 적절한 추상화가 이루어지지 않으면 좀처럼 발견하기 어렵다.

고등학교 이과에서 다루는 이상기체를 예로 들어보자. 이 기체를 이상적이라고 일컫는 이유는 분자의 크기가 없으며 분자 간에 힘이 작용하지 않는다고 가정하기 때문이다. 이 가정은 기체에는 적용되지만 고체나 액체에는 적용되지 않는다.

압력이 낮고 온도가 매우 높은 이상적인 기체에서는 기체의 부피가 일정할 때 압력이 온도에 비례한다는 **보일-샤를의 법칙**이 성립한다(법칙에 두 사람의 이름이 붙을 때는 줄표로 잇는다).

이후 요하네스 디데릭 판데르 발스(Johannes Diderik van der Waals, 1837~1923)는 분자 간의 힘을 고려하여 이 법칙을 수정했다. 이 업적 덕분에 그는 1910년에 노벨 물리학상을 수상했다. 이처럼 이상화를 하면서 제외했던 요소는 나중에 하나씩 재확인하면 된다.

다른 예로 행성의 공전(3장 참조)을 생각해보자. 행성의 공전에서는 공기 저항이 없고 마찰도 작용하지 않는 이상적인 조건을 가정한다. 이것은 지상의 운동에서는 생각할 수 없는 일이다. 실제로는 마찰이 있으면 움직이다가도 어느새 정지하며, 속도가 빨라질수록 공기 저항도 커진다.

또한 태양과 행성의 질량차가 매우 크다는 점도 이상화에 도움이 됐다. 이 때문에 행성의 공전에서는 태양이 움직이지 않는다고 가정할 수 있었고, 행성과 행성 사이에 작용하는 힘도 처음에는 고려하지 않아도 됐다. 예를 들어 태양·지구·화성으로 이루어진 '3체 문제'는 해석적으로 풀 수 없지만, 태양과 지구 또는 태양과 수성으로 이루어진 2체 문제가 되면 식을 세울 수 있다. 물체의 운동 가운데 행성의 운동을 인류 역사상 최초로 해명할 수 있었던 배경에는 이러한 '운'과도 관련이 있다.

언어학에서도 주어진 문장이 문법적으로 옳은지 그른지 정확하고 빠르게 판단할 수 있는 이상적인 모어母語 화자를 가정한다. 이러한 화자를 가정함으로써 추상적인 문법을 다루는 모형이 구체적인 모형이 되는 것이다.

추상화와 이상화를 제대로 이해하고 활용하는 것이 바로 과학적 사고의 기본이다.

# 원리와 법칙을
# 이해하는
# 과학적 생각법

2장에서는 과학의 기초인 원리와 법칙을 소개한다. 앞에서는 과학적 사고의 출발점으로 상관관계와 인과관계의 차이를 생각해보고, 뒤에서는 원리와 법칙의 실질적인 예로 20세기 전반에 탄생한 양자론quantum theory을 살펴보려 한다. 양자론의 등장이 물리학을 크게 변화시켰기 때문에 그 이전의 이론은 '고전론'이라고 부른다.

## 인간의 경험과 직관을 바로잡는 과학

과학은 언제나 우리의 잘못된 신념이나 직관을 바로잡는 역할을 해왔다. 이와 관련해 촘스키는 다음과 같이 말했다.

불가사의함을 감지하고 그것에 대해 생각하는 능력은 유소년 시절—이 시기에는 그것이 자연스러운 일이지만—부터 죽을 때까지 길러야 할 매우 가치 있는 특성입니다.[1]

과학의 출발점에는 언제나 불가사의함이 있다. 그리고 인간은 "왜?"라는 물음을 통해 불가사의함에 대한 호기심과 탐구심을 유소년기에 자연스럽게 싹 틔운다. 촘스키의 말은 이러한 능력을 평생에 걸쳐 기른다면 인간의 본성이 발전할 것이라는 뜻이다. '나는 문과야', '나는 수학을 못 해'와 같은 이유로 그 길을 막아버리는 것은 뛰어난 예술을 외면하는 것과 마찬가지로 안타까운 일이 아닐까?

물론 인간의 경험이나 직관에 근거한 지식이 과학에 반영되기도 한다. 하지만 제대로 파악하지 못한 **경험칙**이 모여서 법칙이 되는 것은 아니다. 오히려 인간의 경험과 직관을 보완하고 바로잡아 갈 때 과학은 진보한다.

무거운 쇠공이 가벼운 깃털보다 빠르게 떨어지는 것은 경험 사실이며 직관적으로 알 수 있는 일이다. 하지만 그 직관의 연장선에선 중력의 법칙을 이끌어낼 수는 없다. 공기 저항이라는 눈에 보이지 않는 요인을 찾아서 제거해야만 비로소 직관의 오류를 깨닫고 올바른 법칙을 발견할 수 있다.

잘못된 직관뿐 아니라 불완전한 추론에서도 잘못된 결론이 도출된다. 예를 들어 무거운 물체에는 큰 중력이 작용한다. 만약 공기 저항이 없다면 무거운 물체일수록 중력이 크게 작용하여 낙하 속도가 빨라지지 않을까? 이 추론의 어느 부분이 잘못됐는지 생각해보자(답은 7장 참조).

## 상관관계와 인과관계의 차이

두 대상 사이에서 한쪽이 변하면 다른 한쪽도 변하는 관계를 **상관관계**correlation라고 한다. 특별한 언급이 없으면 두 대상이 같은 방향으로 변하는 양의 상관관계를 의미하지만, 증가와 감소처럼 서로 다른 방향으로 변하는 음의 상관관계도 있을 수 있다. 아이의 성장을 생각해보자. 키와 몸무게는 나이와 양의 상관관계를 이루지만 머리의 길이와 키의 비율을 나타내는 등신은 나이와 음의 상관관계를 이룬다.

상관관계 중에서 한쪽이 원인이고 다른 한쪽이 결과가 되는 관계를 **인과관계**causal relationship라고 한다. 두 대상이 이어지려면 과학적 근거가 있는 추론이 요구된다. 인과관계가 증명되면 이 관계를 '법칙'으로 간주할 수 있다.

햇볕을 쬐면 피부가 그을리는 이유는 자외선 때문이다. 자외선을 쬐면 표피의 맨 밑에서 색소를 형성하는 멜라닌 세포가 멜라닌 색소를 다량으로 만들어낸다. 이것은 '자외선 조사(원인)가 멜라닌 색소를 증가시킨다(결과)'라는 생물학적 법칙이다.

'원인→결과'라는 한 방향의 인과관계를 기초로 자연현상을 파악하는 방식을 **인과율**causality이라고 한다. 예를 들어 비가 내릴 때는 비구름(난층운)이라는 원인을 생각할 수 있다. 또 '강수 확률'처럼 결과가 반드시 일어나지 않는 경우라도 추론의 근거가 분명하면 인과율이 인정된다. '비가 오면 교통사고가 증가한다'라는 예시에서는 나쁜 시야와 미끄러운 노면, 우산의 사각지대 등이 추론의 근거가 된다.

한편 비가 내려도 교통사고는 전혀 증가하지 않을 수 있다. 비가 내리면 오히려 운전을 신중히 하거나 외출을 삼가하여 교통사고가 감소할 수도 있기 때문이다. 실제 상황에서 명쾌한 인과관계를 보여주기란 쉽지 않은 일이다.

일본 속담에 '바람이 불면 통장수가 돈을 번다'(바람이 불면 흙먼지가 날리고 이 때문에 과거 눈병에 걸려 맹인이 된 사람이 많았다. 맹인은 샤미센을 연주해 먹고사는데 샤미센은 고양이 가죽으로 만들기 때문에 맹인이 늘어나면 고양이의 개체 수가 줄었다. 고양이가 줄면 쥐가 늘고, 쥐들이 통을 갉아 먹는 탓에 통을 찾는 수요가 늘어 통장수가 돈을 번다는 뜻이다-옮긴이)는 말이 있다. 하지만 이러한 경험칙은 근거가 더욱 애매해서 인과관계로 보기 어렵다. 이처럼 애매한 경우에는 먼저 반대 효과가 발생하는지 따져봐야 한다. 그러면 '바람이 불면 불이 나기 쉽다. 불을 끄려고 물을 뿌린다. 통장수의 통까지 가져와 물을 뿌리므로 바람이 불면 통장수가 손해를 본다'[2]라고 해석할 수도 있다.

예전에 어느 저명한 학자로부터 '2개 국어를 구사하는 지인이 최근 원형 탈모증에 걸렸다. 2개 국어를 하면 스트레스를 받을까?'라는 질문을 받은 적이 있다. 과학자로서 있을 수 없는 추론에 말문이 막히고 말았다.

## 상관관계와 인과관계의 '관계'

그림 2-1이 보여주듯이 인과관계는 상관관계의 일부이고, 원인과 결과가 특정된 특별한 상관관계라고 정리할 수 있다. 또 통계 데이터만으로 상관관계를 밝힐 수 있지만 인과관계까지 논의하거나 설명할 수는 없다. 예를 들어 상품 A를 구매한 사람이 상품 B도 구매했다는 통계 데이터가 있다고 해보자. 설령 데이터가 두 대상의 높은 상관성을 뒷받침하더라도 이는 상관관계에 불과하기 때문에 A를 사고 나서 B를 사는 인간의 행동을 과학적으로 설명하는 근거라고 할 수 없다. 이러한 오해는 일상에서도 자주 일어난다.

인간의 행동에서 인과관계를 발견하기 어렵다는 것을 설명하고자 뇌과학 이야기를 곁들여 본다.

뇌과학이나 심리학에서

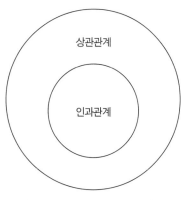

**그림 2-1** 상관관계와 인과관계의 '관계'

뇌와 행동에 관련하여 이끌어낼 수 있는 관계는 대부분 상관관계까지다. 하지만 대체로 사람들은 인과관계가 명백하다고 여기며, 뇌가 원인, 행동이 결과라고 생각하는 것이 일반적이다. 그러나 학습과 같은 행동이 원인이고 그 결과로 뇌에 기억의 흔적이 남기도 한다. 그러므로 결국 뇌와 행동은 양방향으로 상호작용을 한다고 볼 수 있다.

또 MRI 장치를 활용한 뇌 기능 이미지 실험에서는 인지적 테스트가 원인이고 그 결과로 뇌 활동에 변화가 나타난다. 반면 뇌 질환에서는 뇌경색이나 뇌출혈, 뇌종양 등이 원인이고 그 결과로 특정 테스트에서 기능 저하가 나타난다. 이로부터 인과관계가 시사되기도 한다. 그러나 어떤 경우든 테스트에 포함된 다양한 요인 중에서 '뇌 기능'을 뽑아낼 때 해석이 가미되므로 상관관계를 넘어 인과관계에 도달하는 결론을 도출하기는 어렵다.

단순한 상관관계를 인과관계로 간주하는 실수는 빈번히 일어난다. 언뜻 인과관계로 보이는 두 대상 A와 B 사이에 공통된 원인인 C가 존재할 수 있으므로 숨겨진 원인은 없는지 신중히 따져봐야 한다. 만약 C처럼 원인이 따로 있다면 A와 B의 관계는 상관관계에 불과하다.

2003년에 일본 국립교육정책연구소는 '매일 아침밥을 먹는 학생은 성적이 좋다'라는 조사 결과를 발표했다. 이것은 아침밥으로 영양을 섭취하면(A) 성적이 좋아진다(B)는 인과관계로 생각하기 쉬운 결과다. 그러나 이 해석에는 의문이 남는다. 규칙적인 생활 습관(C)이나 보호자와 교사의 열정적인 지도(C) 등의 영향으로 직접적인 인과관계가 없는 A와 B가 함께 나타날 가능성이 있기 때문이다.

또 상관관계로도 보기 어려운 애매한 관계도 존재할 수 있다. 상관관계와 인과관계의 차이를 확실히 구별하기 위해 각각의 구체적인 예를 생각해보자(💡).

## 상관관계는 법칙일까?

인과관계는 법칙이다. 그렇다면 상관관계도 법칙이라고 볼 수 있을까?

신중론 입장에서는 아직 인과관계가 증명되지 않았기 때문에 상관관계에서 기인한 예상이나 가설을 법칙으로 간주하는 것은 위험하다고 본다.

반면 낙관론 입장에서는 인과관계가 아직 증명되지 않았지만 앞으로 증명될 수 있으므로 상관관계는 당장의 작업가설로써 유용하다고 본다. 새로운 증거를 통해 반증될 수 있는 가설이라면(이것을 반증 가능성이라고 한다) 과학 법칙의 후보로 올려놓고 검토 대상으로 삼을 수 있다.

한편 실험이나 관찰 논문에서, 수집한 데이터를 우연히 얻은 것이 아니라 법칙이라는 필연성에 따라 얻은 것이라고 추론하려면 일반적으로 '5퍼센트 이하'라는 기준을 만족해야 한다. 5퍼센트를 넘으면 우연히 일어난 결과를 법칙으로 도출한 것처럼 보일 '위험률'이 커진다. 여기서 5퍼센트 이하라는 기준은 관측에 의한 오차(오차의 추정치도 포함한다)를 바탕으로 통계에 따라 결정된다. 일반적으로 오차가 작은 데이터는 신뢰성이 높고 오차가 큰 데이터는 신뢰성이 낮다.

이와 같이 통계학에 근거한 추정법을 **통계적 유의성**이라고 한다. 이 기준을 만족하면 상관관계를 잠정적인 법칙으로 발표할 수 있다. 이것이 과학계의 관례이기는 하지만 5퍼센트라는 경계치에서는 스무 번 중 한 번꼴로 우연이 필연처럼 보이는 '거짓 양성'의 결과가 나오기도 하므로 신중한 재현 실험이 필요하다.


## 원리와 법칙

지금까지 법칙의 성립 조건을 설명했다. 이어서 원리와 법칙의 구별, 규칙과 모형을 살펴보자.

과학에서 사용되는 **원리**principle는 가장 기초적이고 보편적인 명제이다. 그런 까닭에 다른 법칙의 전제가 되며 다른 것에 의해 도출되지 않고 그 자체로 독립적이다. 지금부터 '불확정성의 원리' 등 몇 가지 원리를 소개할 텐데 그중에는 연구가 발전할 때 과도적인 역할을 했던 '대응 원리'라는 것도 있다.

**법칙**law은 더욱 기본적인 법칙이나 원리로부터 도출되는 명제이다. 예를 들어 '빛이 경계면에서 반사될 때 입사각과 반사각은 같다'라는 '반사의 법칙'은 '빛은 최단 경로로 이동한다'라는 **페르마의 원리**에서 나왔다. 이 법칙을 예로 설명해보겠다.

그림 2-2처럼 빛이 출발점 A에서 출발해 거울에 반사되어 도착점 B에 도달했다고 해보자. 거울과 수직인 면과 광선이 이루는 각도를 입사각이라 하고 $\theta$(그리스문자 세타)로 나타낸다. 만약 빛이 반사되지 않고 거울 속으로 들어간다면 도착점 B의 거울 속 대칭점인 B′로 향하게 되고, 빛이 이동하는 최단 경로는 A와 B′를 잇는 직선이 된다. 이때 반사각 Ø(그리스문자 파이)가 거울 속에 비쳐서 생기는 각도 Ø는 입사각 $\theta$와 '맞꼭지각' 관계에 있으므로 $\theta$＝Ø이다. 이로써 '반사의 법칙'이 증명됐다.

이처럼 생각해보면 반사의 법칙이라는 실험으로 확인 가능한 법칙이 '빛은 최단 경로로 이동한다'라는 원리에 따라 한 단계 높은 수준에서 설명되는 것을 알 수 있다. 바꿔 말하면 '왜 반사의 법칙이 성립하는가?'라는 의문에 대한 설명에 귀 기울이는 것은 자연의 심오함에 한 걸음 더 가까이 다가

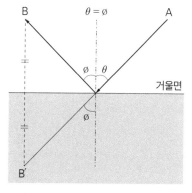

**그림 2-2** 반사의 법칙 중앙의 수평선이 거울면이고, 아래쪽은 거울 속을 나타낸다.

가는 방법이다.

어떤 법칙을 일컬을 때는 **규칙**이나 **모형**과 같은 단어도 습관적으로 쓰인다. 예를 들어 DNA(데옥시리보 핵산)를 구성하는 아데닌 A, 티민T, 구아닌G, 사이토신C에서 A와 T의 함유량이 같고 G와 C의 함유량이 같다는 '샤가프의 규칙'이나 DNA의 분자 구조를 밝힌 '이중나선 모형' 등이 있다. 샤가프의 규칙은 이중나선 모형을 밝히는 실마리가 됐다.

자연과학에서는 모든 원리와 법칙이 입증이나 반증의 대상이다. 다만 원리의 경우에는 '왜 원리가 성립하는가'라는 의문은 일단 제쳐두고 그것을 '자연의 섭리'라고 생각하면서 연구를 진행해도 된다. 연구가 충분히 진행된 다음에 그 원리가 옳다는 것이 증명된다면 원리의 중요성과 의미를 더욱 잘 이해하게 된다.

과학에서 원리는 도그마, 주장보다는 수학의 **공준**이나 **공리**에 가깝다. 공준과 공리는 증명 없이 가정되는 기본적인 명제로(8장 참고) 일반적인 명제인 **정리**의 전제가 된다.

예를 들어 기원전 3세기 무렵에 편찬된 《유클리드 원론》을 보면 제1공준은 '임의의 점에서 임의의 점으로 직선을 긋는다'[3]로, 처음부터 '직선을 그을 수 있다'라는 기본 전제가 깔렸다. 또 제1공리는 '동일한 것과 같은 것은 서로 같다'로, 여기에서 '같다'는 기본 공통 개념이 분명하다. 한편 현대 수학에서는 공준과 공리를 따로 구별하지 않고 각자 독립적이며 서로 모순되지 않는 공리의 집합인 **공리계**를 전제로 한다.

어떤 분야를 탐구할 때 여러 원리나 공리 가운데 무엇을 선택할지, 법칙이나 정리를 도출하는 과정에서 어떤 식으로 선택지를 좁혀나갈지에는 주관이 섞일 수 있다. 수학적 증명이나 논리적 추론은 물론 자연의 섭리를 올바르게 파악한 법칙은 객관적이라고 볼 수 있다.

## 아르키메데스의 원리

고등학교까지의 이과 과정에서는 법칙이라고 불러야 할 것을 '원리'라고 부르기도 한다. '유체 안에서 물체의 무게는 그 물체가 밀어낸 유체의 무게만큼 가벼워진다'라는 **아르키메데스의 원리**가 그 예이다. 물체의 무게는 용수철저울에 달아서 잴 수 있으며, 그대로 물체를 물에 넣어도 물속에서 물체의 무게를 잴 수 있다.

아르키메데스(Archimedes, 기원전 287?~기원전 211)는 시라쿠사의 왕 히에론 2세로부터 금관이 진짜인지를 확인하라는 명을 받았다. 왕관을 부술 수는 없었기 때문에 아르키메데스는 고민에 빠졌다. 그러던 어느 날, 우연히 목욕을 하다가 물이 넘치는 것을 보고 깨달음을 얻었다. 아르키메데스는 흥분한 나머지 알몸으로 시라쿠사 거리를 뛰어다녔다고 한다. 이때 외친 "유레카!"(eureka, 그리스어로 '내가 알아냈다'는 의미. 강세는 '레'에 있다)라는 말은 깨달음의 대명사가 됐다.

아르키메데스는 공기 중과 수중에서 측정한 물체의 '무게 차'가 물체와 같은 부피인 물의 무게임을 깨달은 것이다. 공기 중에서 측정한 왕관의 무게를 무게 차로 나누면 왕관의 **비중**(같은 부피의 물이 가진 무게에 대한 비)을 알 수 있다. 같은 방법으로 측정한 금괴의 비중과 왕관을 비교한 결과 금보다 가벼운 금속이 왕관에 쓰였다는 의혹이 확실해졌다.

이와 같은 아르키메데스의 방법은 물체에 흠집을 남기지 않기 때문에 매우 뛰어난 성분 분석법이다. 예를 들어 금으로 만들어진 플루트에서 키 따위의 부품을 떼고 관체만 남기면 플루트의 순도를 확인할 수 있다.

또한 아르키메데스는 '들어 올리려는 힘과 가해지는 힘의 비는 지레의 받침점으로부터 각각의 거리의 역비(비의 역수)와 같다'는 **지렛대 원리**를 발견했다. 그리고 여러 개의 도르래를 조합한 장치를 고안하여 물건이 실린 무거운 배를 바다에서 육지로 손쉽게 끌어올렸다고도 한다.

이 두 가지 원리는 구체적인 방법으로서의 '원리'일 뿐 가장 기초적이고 보편적인 명제라고 하기는 어렵다. 과학적에서는 힘(부력이나 토크)과 관련 있는 법칙이라고 이해하는 것이 좋다. **토크**

는 **힘의 모멘트**라고도 하며 회전축으로부터의 수직 거리와 작용한 힘을 곱한 값이다. '지레'의 경우는 받침점이 회전축이 된다. 충분히 긴 막대와 받침점이 있으면 원리상으로는 지구도 들 수 있다.


## 대응 원리와 상보성 원리

과학에서 자주 쓰이는 원리는 어떤 방법이나 철학적 사고를 포함해도 50여 가지에 불과하다. 순수한 원리의 전형적인 예로 광속 불변의 원리(5장 참고)가 있다. 여기서는 **닐스 보어**(Niels Bohr, 1885~1962)가 발견한 두 가지 원리를 소개하고자 한다.

첫 번째는 **대응 원리**로 양자론을 고전론(19세기까지의 역학이나 전자기학)에 대응시키는 원칙이다. 우선 전자기학을 설명하자면 19세기에는 그때까지 따로따로 발견됐던 전기와 자기의 법칙을 통일해 이해하게 됐다. 그와 동시에 빛을 '전자기파'라는 '파동'으로 보는 관점이 확립됐다.

그러나 20세기 초의 양자론에서 빛을 연속적인 '파동'이 아닌 불연속적인 '입자'로 간주해야만 설명할 수 있는 현상이 발견되기 시작했고, 양자론과 전자기학 사이에서 다양한 모순과 불합리가 발생했다. 예를 들어 물질에 **파장**(파동이 한 주기 동안 진행하는 거리)이 짧은 빛을 비추면 물질 내부의 전자가 빛 에너지를 흡수하여 물질 바깥으로 튀어나오게 된다. 튀어나온 전자의 수는 빛의 세기에 비례하는데, 어찌된 일인지 빛의 **진동수**(단위시간당 파동의 반복 횟수, 주파수)가 일정한 값을 넘지 않으면 빛을 세게 비춰도 전자가 튀어나오지 않았다. 이것이 **광전 효과**라고 불리는 현상이다. 아인슈타인은 빛을 진동수에 비례하는 에너지를 가진 입자라고 생각하면 광전 효과를 제대로 설명할 수 있다는 사실을 깨달았다.

양자론과 고전론 사이에 발생한 이러한 교착 상태를 타개한 사람이 보어였다. 보어는 극한을 취해 입자의 불연속성을 없애고 양자론을 연속적인 파동을 다루는 고전론으로 귀착시킴으로써 두 대상을 '대응'시켰던 것이다. 한편 양자론이 **양자 역학**으로 발전한 이후, 고전론과 대응시키기에는 한계가 있었고, 이로써 대응 원리는 그 과도적인 역할을 마쳤다.

두 번째는 **상보성 원리**이다. 앞으로 설명하겠지만 보어는 '입자성과 파동성'처럼 서로 **상보적**인 개념을 중시했다. '빛은 파동인 동시에 입자다'와 같이 대립되거나 모순처럼 보이는 개념을 오히려 자연의 본래 모습이라고 인정하자는 것이 상보성 원리다. 하지만 아인슈타인은 양자 역학의 기초나 상보성 원리에 이의를 제기하고 보어와 여러 차례 논쟁을 벌였다. 이 내용은 마지막 장에서 자세히 설명할 것이다.

# 연구 방향을 제시하는 지도 원리

보어가 제시한 두 가지 원리처럼, 연구를 진행할 때 효율적인 방향을 제시해주는 원리를 **지도 원리**라고 한다. 이 원리가 중시되는 이유는 수많은 가설을 체에 걸러서 지도 원리에 부합하는 이론만을 뽑아내면 자연스럽게 올바른 법칙을 끌어낼 수 있을 것이라는 기대 때문이다. 이 원리는 사변적이고 철학적인 사고에만 적용되는 것은 아니다.

아인슈타인은 동시대를 살았던 평생의 벗 모리스 솔로빈(Maurice Solovine, 1875~1958)에게 1924년에 보낸 편지에서 다음과 같이 솔직하게 털어놓았다.

> 나는 늘 철학에 흥미를 느꼈지만 이는 부차적인 것에 불과했습니다. 자연과학에 대한 흥미는 유난히 원리적인 것das Prinzipielle에만 한정됐고, 그로부터 내가 하는 일을 가장 잘 이해할 수 있었습니다. 내 발표가 매우 적은 이유는 이런 사정과 관련이 있습니다. 즉 원리적인 것을 파악하려는 갈망 때문에 결과적으로 대부분의 시간을 헛된 노력으로 낭비한 것입니다.[6]

우리가 일상적으로 사용하는 언어도 자연과학의 한 분야로 다루어지기 때문에 언어 연구에서도 '원리적인 것'이 중시된다. 촘스키는 자신의 가장 중요한 연구 주제였던 **통사론**syntax에 대해

"통사론은 개별 언어에서 문장이 구축되는 제반 원리와 과정에 대한 연구이다"[5]라고 말했다.

촘스키는 물리학적 사고법을 바탕으로 '단순하고 포괄적인' 언어 이론을 지향했다.[6] 단순하고 포괄적인 언어 이론이란 최소한의 가정과 조작만으로 모든 자연 언어의 보편적인 문법 규칙을 설명하는 심오하고 강력한 이론을 말한다. 과학 원리는 보편적인 법칙으로 통한다는 점에서 포괄적이며, 최대한 단순하게 과학적 사고의 길을 밝혀야 한다.


## 플랑크 상수

지금부터는 양자론이 어떻게 시작되었는지 살펴보자. **막스 플랑크**(Max Planck, 1858~1947. 그림 2-3)는 빛의 **스펙트럼**(각 파장의 성분)이 나타내는 에너지 분포를 연구하여 특정 파장의 빛과 공명하는 전기적 입자(공명자)를 가상으로 생각해냈다. **공명**이란 특정 파장에 집중해서 에너지(에너지에 대해서는 6장 참고)를 주고받는 물리 현상이다. 공명자는 서로 영향을 미치지 않도록 충분히 떨어져 있으며 매우 많다.

플랑크는 공명자가 항상 어떤 일정한 정수 배의 에너지를 가진다고 가정하면, 그때까지 알려진 빛스펙트럼의 에너지 분포인 단파장과 장파장을 통일해 설명할 수 있다는 사실을 깨달았다.

이 성공이 20세기와 함께 양자론의 서막을 열었다. 1900년에 플랑크가 발표한 논문에는 다음과 같이 기록되어 있다.

> 만약 $E$[에너지]를 제한 없이 분할할 수 있는 양으로 본다면 한없이 많은 방식으로 나눌 수 있다. 하지만 우리는—이것이 전 계산 과정에서 가장 중요한 점이지만—모든 $E$가 일정한 수의 유한하고 동일한 부분으로 이루어졌다고 생각하고 자연 상수 $h$를 사용하기로 한다.[7]

고전론에 따르면 에너지는 연속적으로 변하지만 양자론에서 에너지는 어떤 일정한 양(위 인용문에서는 '유한하고 동일한 부분')을 기본 단위로 가지며 그 중간값은 가지지 않는다. 돈으로 따지면 10원보다 작은 금액은 존재하지 않는 것이다. 이 10원처럼 에너지의 최소 단위를 **양자**quantum라고 하고 입자처럼 행동하는 빛을 **광자**Photon라고 한다.

이 논문에서 역사상 처음으로 등장한 '자연 상수'는 양자론을

**그림 2-3** 독일 라이프치히의 '인지과학 및 신경과학을 위한 막스 플랑크 연구소'에 있는 플랑크의 두상 (저자 촬영)

상징하는 상수로 훗날 **플랑크 상수**라고 불린다. 플랑크 상수의 단위는 줄J과 초s의 곱으로 나타내며, 줄은 에너지의 단위이므로 $h$는 '에너지 × 시간'이라는 단위를 갖는다.

플랑크 상수 $h$의 값이 매우 작다($6.6260693 \times 10^{-34}$Js)는 점 때문에 이 값을 0으로 보는 경우도 있다. 수학에서는 변수가 한없이 어떤 값에 가까워지는 상태를 **극한**이라고 하는데, 플랑크 상수를 0으로 보는 위의 내용은 $h \rightarrow 0$이라는 극한으로 표현할 수 있다. 이 극한은 불연속적인 최소량(최소 단위)을 없앤 것이므로 연속적인 양을 다루는 고전론으로 귀착된다. 이러한 사고법이 바로 앞에서 말한 대응 원리이다.


## 이중 슬릿 실험

파동의 마루와 골이 명암을 이루는 사진을 보며 파동을 생각해보자. 그림 2-4는 수면의 파문을 나타낸 것으로, 검은색 굵은 선 아래에서는 파동이 위를 향해 곧장 전달된다. 즉, 검은색 굵은 선 아래에서는 파면이 위를 향해 직선으로 퍼진다. 검은색 굵은 선에는 두 군데 작은 구멍(이중 슬릿이라고 한다)이 있고 이 위에서는 파면이 방사형으로 퍼진다. 그림을 보면 파동이 각 슬릿을 통과한 뒤에 장애물 뒤쪽으로 휘어지는 것을 볼 수 있다. 이것은 **회절**diffraction이라는 파동의 특징적인 현상이다. 순수한 입자라면

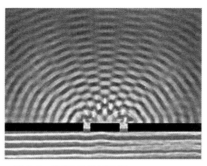

**그림 2-4** 수면파의 간섭무늬[8]

빔이 슬릿을 지난 후 약간 퍼지기는 해도 장애물 뒤쪽으로 휘는 일은 없다. 모래시계 속 모래가 잘록한 부분을 통과한 뒤 어떻게 되는지를 생각해보면 이해하기 쉽다.

파면을 자세히 보면 두 파동의 마루와 마루(또는 골과 골)가 겹쳐서 파동이 강해지는 부분과, 마루와 골(또는 골과 마루)이 겹쳐서 파동이 약해지는 부분이 나타난다. 이것이 **간섭무늬**라고 하는 파동의 특징적인 현상이다. 광자가 순수한 입자였다면, 입자끼리 간섭하는 이런 일은 일어나지 않았을 것이다.

빛의 파동성은 고전론에서 연구됐다. 긴 파장의 빛이 회절을 일으킨다는 사실은 이미 유명했다. 좁은 이중 슬릿에 단일 광원인 빛을 통과시키면 회절한 빛이 간섭무늬를 만든다. 1910년 대에는 **브래그 부자**(Sir William Henry Bragg, 1862~1942; William Lawrence Bragg, 1890~1971)가 **X선**(자외선보다 파장이 짧은 빛)의 회절을 발견했다.

한편 전기가 흐르는 것(전류)의 실체는 대부분의 경우 **전자** electron가 흐르는 것인데 1920년대에 결정을 활용한 전자의 산란 실험을 통해 전자 또한 회절을 일으킨다는 사실을 밝혀냈다. 즉, 전자나 광자처럼 매우 작은 '입자'는 공간으로 퍼져나갈 때 파동성을 가지기 때문에 이중 슬릿을 통과한 뒤에 간섭무늬가 생긴다고 추리할 수 있다.


## '광자 재판'

빛이나 전자처럼 파동성과 입자성을 동시에 가지는 기묘한 **이중성**duality을 이해하기 위해 이중 슬릿을 활용한 사고실험(머릿속에서 이루어지는 유사 실험)이 제안됐다. 파인만도 강의록에서 많은 페이지를 할애하여 상세한 논의를 펼친 바 있다.[9]

도모나가 신이치로는 저서 《광자 재판》[10]에서 재판의 형식을 빌려 재치 넘치고도 훌륭하게 광자를 설명한다. 집필 당시인 1949년 무렵은 전쟁 직후의 혹독한 시기였지만 도모나가와 그 동료들이 **양자전기역학**quantum electrodynamics, QED(수학에서 증명 완료를 뜻하는 Q.E.D.와 알파벳이 같다는 점이 무척 근사하다)의 기초를 이루는 논문을 잇달아 발표한 황금기였다.

주인공인 피고의 이름은 '波乃 光子'이다. 작가가 여자 같은 이름이라고 했으므로 '나미노 미쓰코'라고 읽기 바라는 것 같다.

참고로 도모나가 선생의 부인은 이름이 '領子'였는데 이를 '료시'라고 읽을 수 있는 것은 우연이었을까?('光子'는 '미쓰코'나 '코시'로 읽을 수 있으며 領子는 '료코'나 '료시'로 읽을 수 있다.《광자 재판》에서는 '光子'를 어떻게 읽을지 표기하지 않는다 - 옮긴이)

피고의 변호사인 디랙은 검찰의 추궁을 보기 좋게 반박해낸다. 그들이 주고받았던 심문의 일부를 살펴보자.

**검사**  피고는 대문에서 앞마당을 지나 창문 근처로 간 뒤 그 창문을 넘어 실내로 침입했고 실내의 벽 근처에서 붙잡혔다는 거군요.

**피고인**  맞습니다. (……) 저는 두 개의 창문을 동시에 통과해 실내로 들어갔습니다.

**변호인**  피고가 두 개의 창문을 동시에 통과했다는 사실을 뒷받침할 증거를 보여드릴 수 있습니다. 이를 위해 본 변호인은 현장 검증을 비롯해, 피고의 행동에 관한 두세 가지 검증을 실시해주실 것을 부탁드리는 바입니다.[11]

그림 2-5에는 광자가 최초로 통과한 문(문 M)과 이중 슬릿(창문 A와 B), 광자가 도달한 스크린(벽 K)이 그려져 있다. 이 말도 안 되는 주장은 과연 진실일까? 이를 알아보기 위해 다음과 같은 현장 검증이 여러 번 실시됐다. 그림 2-6의 윗부분 왼쪽 그림(오른쪽 그림을 위에서 본 모양)에 있는 작은 흰색 원들은 경관들의 위치

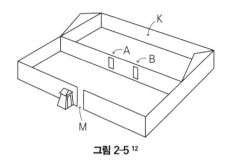

그림 2-5 [12]

를 나타낸다. 문에서 곧장 창문으로 향했다는 것을 분명히 하고
자 앞마당에 면한 벽에도 경관들을 배치한 것이다. 검은색 원과
검은색 사람은 피고를 붙잡은 경관이다.

'용의자 X'가 A와 B 중 어느 쪽을 통과했는지 아는 경우, 1회
시행 결과는 그림 2-6의 윗부분 오른쪽 그림과 같았다. 벽의 어
느 위치에 X가 나타났는지는 그림 2-6의 아랫부분 왼쪽 카드
위에 점으로 표시되어 있다. X가 도달한 위치와 통과한 창문은
A 또는 B로 명백하다. 참고로 카드 번호 No. 800은 '새빨간 거
짓말'이라는 의미라고 한다.

시행을 수차례 반복한 결과는 그림 2-6의 아랫부분 오른쪽과
같았다. X가 사방곳곳에 나타났다는 것을 알 수 있다. 각각의 경
우에서 X가 통과한 창문은 A 또는 B로 명백하다. 한쪽 창문을
미리 닫아둔 상태에서도 결과는 같았다.

이번에는 범행 현장과 동일하게 양쪽 창문에 경관이 배치되
지 않은 상황을 생각해보자(그림 2-7 윗부분). 즉 X가 A와 B 중 어
느 쪽을 통과했는지 알 수 없는 경우이다. 1회 시행 결과는 그림

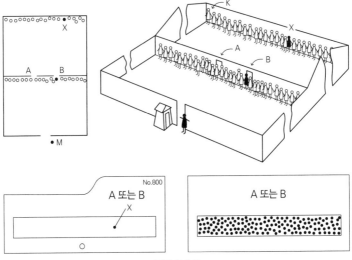

**그림 2-6** [13]

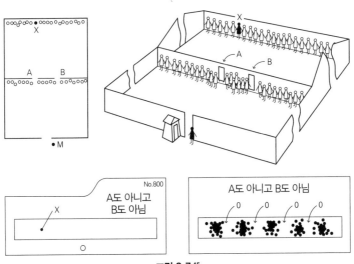

**그림 2-7** [15]

2-7의 윗부분 오른쪽 그림과 같았으며 앞의 경우와 별반 다르지 않은 것처럼 보였다.

하지만 시행을 반복하자 그림 2-7 아랫부분 오른쪽처럼 이상한 결과가 나타났다. 벽에서 X가 자주 나타난 곳과 전혀 나타나지 않는 곳이 나타나며 간섭무늬를 이룬 것이다. 즉, 광자가 마치 파동처럼 '두 창문을 동시에 통과해 실내로 들어갔고' 두 창문으로 들어간 광자가 서로 간섭했다고밖에 생각할 수 없는 것이다. 이로써 X의 주장은 진실로 밝혀졌다. 변호사는 다음과 같이 말했다.

**변호인** 피고가 창문에서 모습을 드러내지 않을 때는 두 창문을 동시에 통과했다고 생각해야 합니다.

도모나가 등이 번역한 디랙의 책에는 "광자가 입사 광선의 갈라진 두 성분으로 진행했다고 표현해야 한다"[14]라고 쓰여 있다.

한편 피고가 한쪽 창문에 모습을 드러낼 때는 처음부터 슬릿이 하나만 있는 것과 같기 때문에 벽에 간섭무늬가 생기지 않는다. 이때는 파동성이 보이지 않으며, 광자는 입자로 행동한다고 생각할 수 있다. 즉 X의 모습이 보이지 않으면 파동성, 보이면 입자성을 띠는 것이다.

이와 같은 광자의 이중성은 '아무리 보고 싶어도 봐서는 안 되는' 딜레마를 떠올리게 한다. 이러한 딜레마는 동서고금을 막론하고 오르페우스나 일본의 이자나기 신화 혹은 은혜 갚은 두

루미 같은 옛날이야기 속에 나타난다. 여기에는 생사 혹은 인간과 동물이라는 대립적 갈등과 봐서는 안 되는 별세계(저승이나 황천 등)가 존재한다는 공통점이 있다. 이중성이라는 불가사의는 자연계뿐 아니라 인간의 인식에도 깊게 자리 잡은 것 같다.

## 전자의 파동성 입증

전자현미경에서 사용되는 다수의 전자로 이루어진 빔으로 파동성을 실험하면, 여러 전자 사이의 상호 작용 때문에 전자가 파동성이 없다해도 파동처럼 보이게 될 가능성을 부정할 수 없다.

이러한 까닭에 단일 전자빔이 만들어지고 나서야 비로소 전

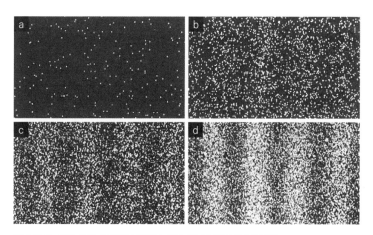

**그림 2-8** 이중 슬릿 실험에서 전자의 수를 서서히 증가시킨 결과[18]
a. 1600개   b. 3500개   c. 8000개   d. 1만 개

자의 파동성을 직접적으로 입증할 수 있게 됐다. 전자빔은 1만 볼트의 전압으로 가속시키면 X선의 파장과 같아진다.

전자를 이용한 이중 슬릿 실험은 1961년 튀빙겐대학교의 옌손 이 처음으로 실시한 이후, 1974년 볼로냐대학교의 연구 팀이 성공 하고[16] 1989년에는 히타치제작소 기초연구소의 도노무라 아키라 (外村彰, 1942~2012) 등이 더욱 정밀하게 입증해냈다.[17]

그림 2-8은 실제 실험 결과로서 단일 전자로 실험을 거듭하 다 보면 이처럼 명확한 간섭무늬가 나타난다. 《광자 재판》이라 는 사고실험이 멋지게 입증된 것이다.

## 하이젠베르크의 사고실험

베르너 하이젠베르크(Werner Heisenberg, 1901~1976)는 파동성과 입 자성이 동시에 양립하는 '이중성' 문제로 고민하던 중 다음과 같 은 사고실험을 생각해냈다(그림 2-9).[19] 전자처럼 매우 작은 것을 '보기' 위해서는 감마선(X선보다 파장이 더 짧은 빛)을 전자에 비춘 다 음 그 반사광을 현미경으로 확대해서 관찰해야 한다. 이것이 지 금까지도 사고실험에 머물러 있는 이유는 감마선을 모을 렌즈 를 만드는 것이 어렵기 때문이다.

입자가 운동할 때 시간에 따른 각각의 위치를 전부 알면 입자 의 운동 상태를 완벽히 재현할 수 있다. 시간과 위치 대신에 속

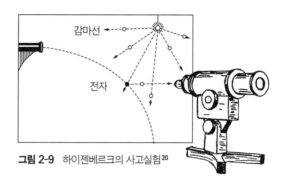

**그림 2-9** 하이젠베르크의 사고실험[20]

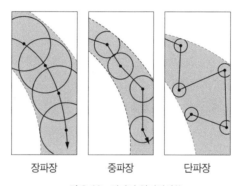

장파장      중파장      단파장

**그림 2-10** 전자의 현미경상[21]

도(속력과 운동 방향)와 위치 세트를 이용하거나 운동량(질량과 속도
를 곱한 '운동의 양', 4장 참고)과 위치 세트를 이용해도 된다.

일반적으로 현미경의 해상도는 물체에 비춘 빛의 파장과 관
련이 있으며, 짧은 파장을 이용할수록 작은 물체까지 분별할 수
있다. 파장이 긴 빛을 이용하면 파동이 퍼져서 파동성이 강하게
나타나기 때문에 상이 뿌옇게 보인다. 따라서 장파장의 감마선
으로는 전자의 위치를 특정하기 어렵고 위치의 오차(그림 2-10에

보이는 각각의 원)가 커진다. 한편 파장이 짧은 빛일수록 진동수가 높고 에너지가 크기 때문에 에너지 덩어리로서의 입자성이 강하게 나타난다. 따라서 단파장의 감마선을 비추면 전자의 위치는 정확해지지만, 고에너지인 광자와 충돌해 전자의 운동량이 크게 변하기 때문에 운동량의 오차가 커진다(그림 2-10에 보이는 꺾은선 부분).

즉 관측에 쓰이는 감마선(빛)의 '이중성' 때문에 위치와 운동량을 정확히 측정할 수 없게 된다. 만약 중간인 중파장을 선택하더라도 전자의 위치와 운동량의 오차는 애매하게 존재할 것이다(그림 2-10 중간 부분). '두 마리 토끼를 잡으려다가 둘 다 놓친다'라는 속담이 양자론에도 적용되는 것이다. 파동과 입자의 '이중성' 문제는 '위치와 운동량'의 불확정성과 관련된다.


## 불확정성의 원리

하이젠베르크는 전자의 '위치와 운동량'을 동시에 정확하게 측정하는 것은 불가능하다는 결론에 도달했다. 이것이 **불확정성의 원리**the uncertainty principle이며, 1927년의 논문[22]에서 처음으로 발표됐다.

불확정성 원리에 따르면 위치와 운동량의 '오차'는 독립적이지 않다. '정확하게 측정한다'라는 말은 오차가 0이라는 뜻인데,

위치와 운동량 중 한쪽의 오차가 0이 되면 불확정성의 원리에 의해 다른 한쪽의 오차는 '원리상' 0이 될 수 없다.

**그림 2-11** 하이젠베르크

이 딜레마는 위치의 오차와 운동량의 오차를 곱한 값이 항상 0보다 크다는 말과 같다. 이 값의 하한치는 플랑크 상수 $h$를 $4\pi$로 나눈 값이며, 이것이 엄밀한 **불확정성 관계**이다. 이처럼 위치와 운동량을 상보적으로 파악하기 때문에 상보성 원리의 한 예로 보기도 한다. 도모나가 신이치로에 따르면 불확정성을 '원리'로 파악한 점이 대단하다.

불확정성 원리는 쉽게 말해 '이쪽을 세우면 저쪽이 쓰러지는' 철학을 바탕으로 한다. 대학에서 공부에 집중할지 아니면 동아리 활동도 함께할지, 졸업하고 진학을 할지 아니면 취직을 할지 생각할 때 억지로 하나를 선택하려고 하면 '불확정성'의 딜레마에 빠지고 만다. 젊을 때는 열심히 배우고 열심히 노는 것이 제일이다.

하이젠베르크(그림 2-11)는 전형적인 직감형 천재로 마치 신처럼 답을 번뜩 도출한 뒤 정식화하는 사람이었다. 어릴 적부터 못하는 것이 없는 신동다운 면모를 보였는데 특히 수학, 피아노, 체스에 뛰어났다고 한다. 학창 시절에 수학에서 물리학으로 전

향한 뒤 25세의 나이에 독일에서 최연소로 교수가 됐다. 생애 마지막 시기의 저서로《부분과 전체》가 있다.

## 하이젠베르크 사고실험의 맹점

하이젠베르크의 사고실험을 계기로 불확정성 관계는 인위적인 측정에서 나타나는 고유의 문제(이른바 **측정의 문제**)라고 통용되었다. 불확정성의 원리에 '오차'가 나오는 탓에, 실험의 측정 오차(3장 참고) 때문에 불확정성 관계가 나타난다고 오해를 받았다.

하지만 이 사고실험에는 맹점이 있었다. 여기서는 외부에서 도입한 감마선의 파장이 일으키는 관측의 불확정성보다는 전자의 파동성 자체가 가진 불확정성에 주목해야 한다.

양자 역학에서는 파동성을 지닌 각 입자의 운동 상태(위치와 운

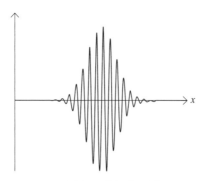

**그림 2-12** 파동묶음 모형[23]

동량)를 파장이 조금씩 다른 파동을 합한 **파동묶음**wave packet으로 나타낸다. 파동묶음은 그림 2-12와 같은 '파동 다발'을 의미한다. 진폭은 입자가 그 위치에 있을 확률을 나타내고, 파동의 처음부터 끝까지의 길이(파동묶음의 너비)는 입자가 존재할 수 있는 너비를 나타낸다. 이 파동묶음을 **파동 함수**라고도 한다. 파동성과 입자성이 양립하는 파동묶음이라는 모형을 활용하면 광자나 전자 등을 다룰 수 있다. 입자의 위치를 특정할 수 있을 때는 파동묶음의 너비가 좁아지는데, 이를 **파동묶음의 수축**이라고 한다.

파동묶음의 너비와 파동수(파장의 역수, 즉 단위 길이당 파동의 반복 수)의 오차를 곱하면 엄밀한 불확정성 관계가 성립한다.[24] 불확정성 관계는 파동성과 입자성에 관한 양자론 고유의 문제였던 것이다.

## 베버-페히너 법칙

이번에는 법칙의 한 예로 정신물리학(또는 심리물리학, psycho-physics) 분야에서 가장 유명한 **베버-페히너 법칙**을 소개한다. 이는 '감각의 크기는 자극 세기의 로그에 비례한다'라는 법칙이다.

시각적 자극을 예로 들면, 원래의 자극을 10배 밝게 했을 때나 10배의 자극을 100배 밝게 했을 때의 눈부심 변화가 다르지 않다는 것이다. 이것은 물론 근사치이기는 하나, 감각이 로그에 비례하는 덕분에 외부의 폭넓은 자극에 대응할 수 있다.

페히너의 책에는 이 법칙을 따르는 것으로 보이는 예가 풍부하다.[25] 예를 들어 빛의 밝기, 소리의 크기, 무게, 온도부터 물체의 크기(시각이나 촉각을 통한 지각)와 나아가 물질적·정신적 풍요로움에까지 이른다.

어쩌면 금전 감각이나 죄책감 등에서도 동일한 법칙성이 나타날지 모른다. 비록 정신 현상일지라도 뇌와 신경에 근거하고 있는 자연법칙인 것이다.


## 과학적 이론과 법칙

이 책에서 소개하는 물리학의 '법칙' 중에서도 케플러의 법칙(3, 4장 참고)과 뉴턴의 법칙(4장 참고)은 각각 '제1법칙·제2법칙·제3법칙'이라는 세 쌍으로 이루어진다. 법칙을 외울 때는 순서와 내용, 발견한 사람의 이름을 함께 기억하는 것이 좋다. 그다음에 세 쌍의 관련성을 생각하면 법칙을 더욱 깊이 이해할 수 있다.

촘스키는 과학적 이론과 법칙에 대해 다음과 같이 말했다.

모든 과학 이론은 유한한 관찰에 근거한다. 그리고 그 이론은 (예를 들어 물리학에서는) '질량'이나 '전자'와 같은 가설적 구성 개념을 이용해 일반 법칙을 구축함으로써, 관찰된 모든 현상을

관계 짓거나 새로운 현상을 예측하려고 한다.[26]

법칙에 근거하여 현상을 예측하려면 **초기 조건**(상태 변화가 시작될 때 주어진 조건)과 **경계 조건**(공간 끝의 진폭을 0으로 하는 등의 조건)이 적절하게 전제되어야 한다. 법칙이 옳더라도 전제가 틀리면 결과가 바뀌기 때문이다. 예를 들어 '카오스'라고 불리는 현상에서는 사소한 초기 조건의 차이가 예측 불가능한 결과를 야기한다고 알려졌다(마지막 장 참고).

한편 법칙의 허점이나 예외가 의미를 가지기도 한다. 비록 법칙이 특수한 경우에만 성립하더라도 법칙 자체를 부정할 필요는 없다.


## 과학적으로 생각한다는 것

지금까지 살펴봤듯 원리와 법칙에 근거하여 결과를 예측하는 일은 과학의 핵심이다. 원리와 법칙에 대한 이론은 실험에 근거한 검증을 통해 타당성을 확보할 수 있다. 법칙은 '공식'이나 '실용'과는 다른 차원의 유용성을 지니며, 그 자체가 자연에 대한 '사고방식'이나 '철학'이라는 가치를 지닌다.

파인만은 과학이라는 생각법에 대해 다음과 같이 말했다.

과학이 더욱 발전하려면 단순한 공식 이상의 것이 필요하다. 먼저 관찰을 하고 그다음에 측정된 수치를 얻는다. 그러고 나서 그 수치를 전부 모아 하나의 법칙을 얻는다. 그러나 과학의 참된 '영광'은 그 법칙이 '명백'하다는 '생각을 발견할 수 있다'라는 점에 있다.[27]

'법칙이 명백하다는 생각'은 법칙의 심오한 '진리'이고, 앞에서 설명한 '원리' 그 자체이다.

　3장과 4장에서 소개할 케플러는 법칙의 발견을 통해 '우주의 조화'라는 미지의 원리를 찾고자 했다. 5장부터 8장까지 소개할 아인슈타인은 처음부터 원리를 분명히 내세우며 '중력파'를 비롯한 다수의 법칙을 이끌어냈다. 즉 법칙으로부터 원리를 발견하는 것과 원리로부터 법칙을 이끌어내는 것 모두가 '과학이라는 생각법'인 것이다.

**3장**

# 원에서
# 타원으로

우주에서 '우'는 무한한 공간을, '주'는 무한한 시간을 나타낸다. 즉 '우주'는 끝없는 시공간을 의미한다. '세계'라는 단어도 시간을 의미하는 '세'와 공간을 의미하는 '계'로 이루어졌다. 3장에서는 우리에게 익숙한 지상에서 천제를 바라보는 시점을 활용해 천문학으로의 도입을 꾀하고, 우주의 법칙인 케플러의 제1법칙과 케플러의 제2법칙을 살펴본다. 여기에는 교과서에는 소개하지 않는 과학 드라마가 존재한다.

## '7개'의 천체

아득한 고대에도 지상에서 육안으로 봤을 때 유달리 밝게 빛나는 7개의 천체가 있다는 것을 알았다. 그리고 천천히 운동하는 천체일수록 우리와 멀리 떨어져 있다고 생각했다(실제로는 틀렸다). 이 '7개'의 천체는 멀다고 생각한 순으로 토성, 목성, 화성, 태양, 금성, 수성, 달이다.

이 천체들은 '천구' 위를 매일 조금씩 이동하며 일정한 주기로 한 바퀴를 돈다. **천구**란 지구를 중심으로 지상에서 보이는 모든 천체를 구형으로 가정한 하늘에 투영한 구이다. 평면에 투사하면 교재로 판매되는 별자리판처럼 배치된다. 별자리판을 보면 천구 전체가 지구의 자전으로 일어나는 **일주 운동**과, 지구의 공전으로 일어나는 **연주 운동**을 하며 일정한 비율로 회전한다는 것을 알 수 있다.

앞서 말한 7개의 천체는 다른 별보다 지구와 가깝기 때문에 회전하는 천구상에서 독립적으로 움직이는 것처럼 보인다. 특히 이들은 다른 별과의 위치 관계가 항상 변한다는 의미에서 특별하다. 즉 이 천체들은 결코 '별자리'의 일부가 아닌 것이다.

태양은 1년에 걸쳐 황도(천구상에서 태양이 지나는 길)를 한 바퀴 돈다(그림 3-1). 반면 달은 약 27일(항성월)에 걸쳐 백도(천구상에서 달이 지나는 길)를 한 바퀴 돈다. 이때 태양과 달의 상대적인 위치가 변하기 때문에 초승달(삭)에서 상현을 지나 보름달(망)로, 하현을 지나 다시 초승달로 되돌아가는 달의 위상 변화가 일어난다. 또 달이 지구 주위를 한 바퀴 도는 동안 지구는 태양의 주위를 공전해서 약 27도 정도 앞서가기 때문에 달의 위상 변화 주

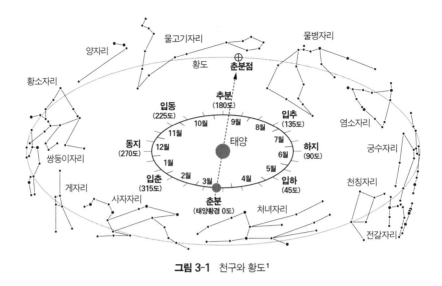

**그림 3-1** 천구와 황도[1]

기(삭망월)는 약간 늘어난 약 29일이 된다.

현재 우리가 사용하는 요일에는 이 같은 태양계의 7개 천체가 배치됐다. 그 유래는 기원전 2세기 무렵의 헬레니즘 시대(알렉산드로스의 동방 원정 이후)로 거슬러 올라간다.[2] 유력한 설에 따르면 그 당시에는 7개의 천체가 순서대로 한 시간씩 수호성이 된다고 믿었다. 첫째 날의 제1시는 토성, 제2시는 목성 등 순서대로 수호성이 바뀌는 것이다. 24시간이 지나면 7개의 천체가 순서대로 세 바퀴를 돌고 네 바퀴째에서 세 번째 천체가 지나는 시점이므로 첫째 날의 제24시는 세 번째 천체인 화성이고, 둘째 날의 제1시는 네 번째 천체인 태양(일)이다. 이와 같은 방식으로 셋째 날의 제1시는 일곱 번째 천체인 달이 된다.

이렇게 제1시의 수호성(그날의 수호성)을 일곱째 날까지 순서대로 나열하면 '토, 일, 월, 화, 수, 목, 금'이 된다. 이 순서가 일주일의 요일로 현재 전 세계에서 쓰인다.

이와 같이 달력은 천체의 운동을 기본으로 만들어지기도 했으나 '월'을 일컫는 명칭 중 고대 로마의 율리우스 카이사르와 아우구스투스가 자신이 태어난 달의 이름을 본인의 이름으로 바꿔치기한 것(July와 August의 유래)처럼 인간의 권모술수로 정해진 면도 있어 흥미롭다.

## '6개'의 행성

7개의 천체 가운데 태양과 달을 제외한 천체는 태양이 지나는 황도를 따라 그 주변을 오가며 방황하듯이 운동하기 때문에 **행성**으로 불린다. 'planet'이라는 영어 단어는 그리스어 플라네테스(planētēs, 방랑자)에서 유래했다.

행성 중에서 가장 밝은 것은 금성(개밥바라기, 샛별)이고 그다음이 목성인데, 목성이 '한밤중의 샛별'이라고 불린다는 사실을 아는 사람은 많지 않다. 목성은 가장 큰 행성이므로 멀리서도 밝게 빛난다.

화성이 지구와 가장 근접했을 때는 목성보다 밝지만 평소에는 세 번째 수준이다. 수성은 해가 뜨기 직전이나 해가 진 직후에 금성보다 낮은 지평선 부근(즉 태양과 가까운 방향)에서만 보이므로 관측하기가 어렵다.

토성은 하늘이 맑은 곳에서는 육안으로도 보이지만 고리를 보려면 망원경이 필요하다. 토성보다 더 멀리 떨어진 천왕성은 18세기에, 해왕성은 19세기에 발견됐다.

지금부터는 16세기 유럽으로 거슬러 올라

**그림 3-2** 태양과 '6개'의 행성

가 지구를 포함해 당시 알려진 '6개'의 행성(그림 3-2) 토성, 목성, 화성, 지구, 금성, 수성에 주목하자.

## 지동설이라는 발상

**지동설**(태양중심설)에 근거한 태양계 모형부터 살펴보자. 지동설은 **니콜라우스 코페르니쿠스**(Nicolaus Copernicus, 1473~1543)가 사망하기 전에 출판한 《천구의 회전에 관하여》로 널리 알려졌다. 그림 3-3은 지동설을 바탕으로 한 태양계 모형으로서 오른쪽 그림은 왼쪽 그림의 지구 안쪽을 확대한 것이다.

각 행성의 **공전 주기**는 천구를 한 바퀴 도는 시간으로 이미 정확한 측정이 이루어졌다. 대략적인 주기는 수성이 3개월, 금성이 7개월 반, 지구는 1년(365.256일), 화성은 2년 미만(687일), 목성은 12년, 토성은 30년이다.

그 당시 천문 관측으로 측정할 수 있었던 또 하나의 중요한 값은 천체끼리 이루는 상대적인 '각도'였다. 정확한 각도가 측정되자 회전하는 천구상에서 천체의 위치를 제대로 정할 수 있었다.

태양에서 각 행성까지의 궤도 반지름과 태양에서 지구까지의 궤도 반지름의 비, 즉 **궤도 반지름비**는 각도를 측정하면 정확한 계산이 가능했다. 따라서 만약 태양계 중심에서 어느 위치까지

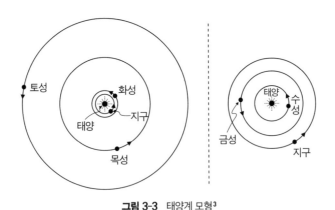

**그림 3-3** 태양계 모형[3]

의 거리가 하나라도 정해지면 행성의 위치 관계를 전부 정할 수 있었다. 지동설과 대립하는 '천동설(지구중심설)'은 천체 간의 거리라는 생각 자체를 유도해내지 못했고, 여기서 두 가설의 우열이 결정됐다.

실제로 천체 간의 거리를 측정하는 방법을 알아보자. 예를 들어 지상의 떨어진 두 지점(두 지점의 거리를 측정해둔다)에서 같은 시각에 달을 관찰하여 지면과의 각도를 구한 뒤, 두 지점에서의 각도 차를 구하면 달까지의 거리를 알 수 있다. 이는 '삼각법'을 응용한 방법이다. 또 현대의 레이더 기술로 전파가 행성에 반사돼서 돌아오기까지의 시간을 측정하면 지구와 가까운 화성이나 금성, 수성까지의 거리를 직접적으로 알 수 있다.

## 요하네스 케플러

3장의 주인공은 **요하네스 케플러**(Johannes Kepler, 1571~1630)다(그림 3-4). 독일의 천문학자 케플러는 오랜 시간에 걸친 초인적인 노력과 믿기 어려운 통찰력으로 세 가지 법칙을 발견해냈다. 그는 시력이 안 좋았기 때문에 천문 관측보다는 관측 결과를 계산하고 이론화하는 데 열중했다고 한다. 케플러는 제2법칙을 가장 먼저 발견하고 그 후에 제1법칙을 발견했다. 제3법칙을 발견한 것은 그보다 한참 후의 일이다. '케플러의 법칙'이라는 이름은

**그림 3-4** 요하네스 케플러

후세에 이르러 명명됐다.

케플러는 노력가였다. 예를 들어 화성의 궤도를 구할 때 180번을 계산한 다음 그 결과를 전부 합해야 했는데, 케플러는 그 모든 계산을 끝내고 검산을 40번이나 반복했다고 한다. 타고난 천재였던 갈릴레오나 뉴턴과 비교하자면 케플러는 노력형이었다. 작곡가에 비유하자면 바흐나 모차르트보다는 베토벤을 닮은 셈이다.

케플러는 특히 두 가지 난제에 도전했다. 첫째 난제는 '행성은 왜 6개인가?'였고, 둘째 난제는 '행성의 공전 주기와 궤도 반지름 사이에는 어떤 관계가 있을까?'였다. 케플러처럼 두 문제에 인생을 걸고 도전한 사람은 그때까지 아무도 없었다. 케플러는 "광활한 천체에 어떤 잣대가 있단 말인가?"[4]라는 말을 남기기도 했다.

첫째 난제는 안타깝지만 문제 설정이 잘못됐다. 당시 알려지지 않았을 뿐 행성은 8개 이상 존재했다. 하지만 그 난제에 몰두하지 않았다면 제2법칙을 발견하지 못했을지도 모른다. 반면 둘째 난제는 기가 막히게 핵심을 찔렀다. 그리고 이 노력이 제3법칙이라는 결실을 이끌어냈다(4장 참고).

케플러를 수없이 고민에 빠뜨렸던 행성의 운동은 분명 다루기 쉬운 문제는 아니었다. 하지만 행성이 궤도를 한 바퀴 돌고 나면 반드시 원래의 자리로 되돌아간다는 사실은 분명했다. 여기서 케플러의 머릿속에 소박한 발상이 떠올랐다. 행성의 궤도가 정해진 것은 보이지 않는 어떤 '틀'이 있기 때문은 아닐까?

## '5개'의 정다면체

이때 **정다면체**의 존재가 힌트가 됐다. 정다면체란 모든 면이 서로 합동인 정다각형이고, 각 꼭짓점에 모인 면의 개수가 같은 볼록 다면체이다. 이와 같은 정다면체는 정사면체, 정육면체(입방체), 정팔면체, 정십이면체, 정이십면체로 5개뿐이다(그림 3-5). 평면에서는 볼록 정다각형의 종류에 제한이 없지만 입체적인 정다면체가 되면 종류가 5개밖에 되지 않는다.

고대 이집트인들은 정사면체, 정육면체, 정팔면체를 진작에 알았다. 또한 정사각뿔(밑면이 정사각형이고 옆면이 삼각형이므로 정다면체는 아니다) 모양의 피라미드가 다수 만들어진 것에서 입체기하학에 대한 높은 관심이 엿보인다.

정십이면체와 정이십면체는 피타고라스의 후계자들(피타고라스학파)이 처음으로 발견했으며 플라톤의 저서를 통해 널리 알려졌다. 그들은 정다면체가 5개뿐이라는 사실도 증명했다. 이 귀중한 증명은 총 13권으로 이루어진 《유클리드 원론》(14권과 15권은

정사면체     정육면체     정팔면체     정십이면체     정이십면체

**그림 3-5**  5개의 정다면체[6]

나중에 추가됐다)의 말미를 장식한다.[5]

증명은 하나의 꼭짓점에 정다각형이 몇 개 모일 수 있는지를 검토하는 방식으로 이루어진다. 예를 들어 한 점에 대해 정삼각형, 정사각형, 정오각형을 각각 3개, 4개, 5개로 점점 늘리며 어떻게 볼록한 모양을 만들 수 있을지 생각해보자. 여러분도 얼마든지 자신의 힘으로 증명할 수 있다(💡).

한편 수학자 **레온하르트 오일러**(Leonhard Euler, 1707~1783)는 구멍이 나지 않은 이상 정다면체뿐만 아니라 모든 다면체에서 일정한 법칙이 성립한다는 것을 발견했다. 하나의 다면체에서 면의 개수와 꼭짓점의 개수를 더한 뒤 모서리의 개수를 빼면 반드시 2가 되는 것이다(면의 개수 + 꼭지점의 개수 - 모서리의 개수 = 2). 이 관계를 **오일러의 다면체 공식**이라고 한다. 각각의 정다면체에서 이 정리가 실제로 적용되는지 확인해보자(💡). 일반적인 다면체는 **그래프 이론**으로 막힘없이 증명할 수 있다.[7] 오일러도 이 공식을 발견하고 '유레카!' 하고 외치지 않았을까?

이야기를 되돌려보자. 케플러는 끊임없이 의문을 품었다. 태양의 지배를 동시에 받는 6개의 행성에는 보편적으로 성립하는

법칙이 분명히 있을 것이다. 애당초 왜 행성은 6개뿐인가? 왜 정다면체는 5개밖에 없는가? 어쩌면 숫자 6과 5는 관련이 있을지도 모른다…….

케플러는 "피타고라스는 5개의 입체도형으로 이 모든 비밀을 당신에게 알려준다"라는 말을 남겼다.[8]


## 최초의 깨달음

케플러의 첫 저서는 약칭(정식 제목은 매우 길다) **《우주의 신비**Mysterium Cosmographicum**》**[9]로서 라틴어로 쓰였다. 1595년부터 이듬해에 걸쳐 집필했으며 이때 케플러의 나이는 24세였다.

이 책은 총 23장으로 이루어졌는데, 전반은 신화와 같은 내용이 주를 이루다가 후반 13장부터는 완전히 실증적으로 돌변한다. 이 불가사의한 연구를 가능하게 했던 한 가지 힘은 제목에서도 알 수 있듯이 '신비주의', 즉 숫자 사이의 관계성으로 우주를 파악하고자 하는 동기에 있었다. 이처럼 사상적 뿌리를 피타고라스학파에 둔 연구가 2100년이라는 시간이 흘러 케플러에게 계승되리라는 것은 그들도 예상하지 못했으리라.

하지만 케플러는 단순히 신비주의에 머무르지 않았다는 점에서 위대하다. 그는 대칭성이나 **극소성**(가정이나 전제를 최소한으로 하는 것)과 같은 지도 원리를 직감적으로 중시했다. 이러한 의미에

서 이 책은 근대 과학의 시
초를 여는 역할을 했다.

케플러의 첫 깨달음은
숫자 6과 5의 관계였다. 토
성, 목성, 화성, 지구, 금성,
수성 총 6개 행성의 궤도
에 구를 배치하자 각 궤도
사이에 5개의 '틈'이 생겼
다! 케플러는 각 틈에 5개
의 정다면체를 놓고 안팎
에 오는 구가 정다면체에

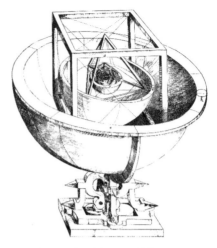

**그림 3-6** 케플러의 우주 모형.[10]
포개 넣은 6개의 구면과 접하도록 바깥쪽부
터 정육면체, 정사면체, 정십이면체, 정이십
면체, 정팔면체를 차례대로 배치했다.

내접 혹은 외접하도록 배치하면 행성들이 이루는 궤도 반지름
비의 '필연성'이 밝혀질 것이라고 생각했다(그림 3-6).

하지만 이 시도는 유감스럽게도 실패로 끝났다. 계산 결과, 관
측 데이터와 가장 잘 부합하는 정다면체의 배치는 발견했지만,
목성과 수성의 궤도가 코페르니쿠스의 데이터와 맞지 않았다
《우주의 신비》 14장 참고)[11]. 그래도 케플러는 자신감으로 가득 찼
다. 이 연구로 눈에 보이지 않는 어떤 **힘**이나 구조가 행성의 운
동을 결정한다는 확신이 더욱 강해졌기 때문이다.

# 케플러의 추측

정다면체를 행성 궤도에 적용한 것에서 보이듯이 케플러는 입체에 큰 관심이 있었다. 입체 문제와 관련해 그는 유명한 **케플러의 추측**을 후대에 숙제로 남겼다. 일반적으로 수학적 '추측'이란 증명 없이 결론만 예측한 경우를 말한다.

케플러의 추측은 '같은 크기의 공을 상자에 가장 많이 담기 위해서는 모든 공을 다른 12개의 공과 접하도록 배치해야 한다'라는 것으로, 지금으로부터 약 400년 전인 1611년에 케플러가 펴낸 소책자 《눈의 육각형 결정 구조에 관하여》에 기록되었다.[12] 케플러의 과학적 관심이 눈 결정이나 벌집처럼 친숙한 자연의 '구조'에까지 미쳤다는 사실이 새삼 놀랍다.

그림 3-7에서 아래 그림들은 공을 한 층으로 배치한 것이고 위 그림들은 공을 쌓아올린 것이다. 왼쪽에는 4개의 공을, 오른쪽에는 3개의 공을 위에 쌓았다. 그렇다면 왼쪽과 오른쪽 중 어떤 방법으로 배치했을 때 공을 더 많이 담을 수 있을까?(💡. 답은 바로 뒤에 있다.)

상자에 담긴 귤이 주변에 있다면 직접 실험해봐도 좋다. 하나의 공에 많은 공이 접할수록 더 많은 공을 담을 수 있다.

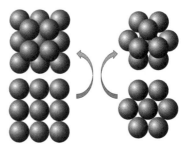

그림 3-7

왼쪽 그림처럼 공을 정사각형 형태로 배열한다고 해보자. 이 경우 중심에 있는 공은 4개의 공과 접한다. 이 배열에서는 가로 세로로 인접한 4개의 공이 반복의 최소 단위가 되므로 이 배치를 **정방 격자**라고 한다.

왼쪽 그림 1층에 있는 빈틈에 4개의 공을 올려놓을 수 있는데, 왼쪽 아래 그림에서 중심에 있는 공은 새롭게 놓인 이 4개의 공과 모두 접한다(왼쪽 위 그림). 공을 위가 아닌 밑에 놓아도 마찬가지이므로 1층 중심에 있는 공은 총 12개(4개×3층)의 공과 접하게 된다.

이번에는 오른쪽 그림처럼 공을 정육각형 형태로 배열한다고 해보자. 이 경우 중심에 있는 공은 6개의 공과 접한다. 이 배열에서는 인접한 3개의 공이 반복의 최소 단위가 되므로 이 배치를 **정삼각 격자**라고 한다.

오른쪽 그림 1층 빈틈에는 공 3개를 올려놓을 수 있는데(정삼각형 또는 역삼각형), 오른쪽 아래 그림의 중심에 있는 공은 새롭게 놓인 이 3개의 공과 모두 접한다(오른쪽 윗부분 그림). 공을 위가 아닌 밑에 놓아도 마찬가지이므로 1층 중심에 있는 공은 총 12개(6개+3개×2층)의 공과 접하게 된다.

따라서 그림의 두 가지 방식 모두 공을 같은 밀도로 채울 수 있다는 것이 정답이다. 정삼각 격자로 배열한 공을 오른쪽 위 그림처럼 위에서가 아니라 측면에서 바라보면 정방 격자가 나타난다. 구체적으로는 측면의 세 방향(위에서 볼 때 시계의 2시, 6시,

10시 방향)에서 보면 4개의 공이 안쪽으로 기울어진 정방 격자를 이룬다! 즉 오른쪽 그림의 배치는 왼쪽 그림의 배치를 부분적으로 포함한다.

반대로 정방 격자로 배열한 공을 왼쪽 위 그림처럼 위에서가 아니라 측면에서 바라보면 정삼각 격자가 나타난다. 구체적으로는 측면의 네 방향(위에서 볼 때 시계의 12시, 3시, 6시, 9시 방향)에서 보면 3개의 공이 안쪽으로 기울어진 정삼각 격자를 이룬다. 즉 왼쪽 그림의 배치는 오른쪽 그림의 배치를 부분적으로 포함한다.

공을 더 쌓아보면 정삼각 격자의 층과 정방 격자의 층이 완전히 같은 배치를 이룬다는 사실이 분명해진다. 한편 최소 단위가 정오각 격자 이상이 되면 격자 안에 생기는 틈이 커지기 때문에 공을 많이 담기 어렵다. 이로써 정다각형의 배치에 한해서는 케플러의 추측이 확실해졌다.

하지만 각 층이 평면이 아닌 곡면으로 된 복잡한 배치나 층을 이룰 수 없는 불규칙한 배치인 경우는 검토되지 않았다. 실제로 '정삼각 격자나 정방 격자보다 나은 배치는 존재하지 않음'을 수학적으로 증명하는 것은 매우 어려워서 지난 400년에 이르는 긴 세월 동안 수학자들의 도전은 실패해왔다. 20세기 초에 현대 수학의 지침이 될 만한 미해결 문제를 모은 '힐베르트 문제'에서는 23개의 문제 중 18번째 문제로 케플러의 추측을 소개한다.

1998년에 이르러 토머스 헤일스(Thomas Hales, 1958~)가 컴퓨터를 이용해 케플러의 추측에 대한 증명을 발표했다. 이것은 인간이 아닌 기계의 계산을 정당한 '증명'으로 인정할 수 있는가, 계산 프로그램은 완벽한가와 같은 논란을 불러일으켰다.[13] 이후 검증 작업에 많은 노력을 기울여 드디어 2014년 여름에 증명이 완성됐다는 최종 보고가 발표됐다.[14] 케플러는 이와 같은 논리적이고 엄밀한 증명 없이 진리를 예상한 놀라운 직감과 운을 가진 사람이었다.

## 케플러, 시대를 앞서가다

케플러는 젊은 나이에 독자적인 연구를 시작한 시점부터 비교할 만한 천문학자가 없을 정도로 뛰어났다. 무엇보다 케플러가 저술한 《우주의 신비》는 코페르니쿠스가 죽은 뒤 50년이 지나서야 지동설이 옳다는 것을 세상에 알린 최초의 책이었고, 갈릴레오의 《천문대화》 또는 《신과학대화》보다 40년이나 앞선 것이었다. 이후 갈릴레오의 종교재판(17세기 전반)이 이어진 것을 고려할 때 지동설을 이단시했던 상황에서 책을 쓴다는 것은 용기와 대담함이 필요한 일이었을 것이다.

케플러는 코페르니쿠스에 대한 찬사를 아끼지 않는 한편, "하지만 일단은 코페르니쿠스의 수치를 현재 우리의 과제에 적합하게 다시 계산해야 한다"[15]라고 말했다. 케플러가 정다면체를 행성 궤도 사이에 적용할 때 코페르니쿠스의 데이터와 맞지 않아도 크게 개의치 않은 한 가지 원인이 여기에 있다.

케플러에 따르면 코페르니쿠스는 정확한 데이터를 사용하는 것에 그다지 얽매이지 않았을 뿐 아니라 자신의 주장과 부합하도록 데이터를 선택하거나 조작했다고 한다.

> 코페르니쿠스는 다양한 연산으로 도출해낸, 증명의 결과로서는 완벽히 부합했을 모든 수치가 약간 어긋나더라도 이를 버리지 않았다. 그는 발터나 프톨레마이오스, 그밖에 여러 사람들의 관측 결과를 수집한 뒤 그중 계산에 편리한 부분만을 이용했다. 이때 시간으로는 수 시간, 각도로는 4분의 1 또는 그 이상의 차이를 무시하거나 변경하는 데 아무런 망설임도 없었다.[16]

오늘날에는 과학적 데이터를 부정하게 다루는 행위를 윤리적 문제로 본다. 과학에 진지한 사람이라면 근대 과학이 탄생했을 때부터 데이터에 대한 올바른 인식이 존재했다는 사실을 기억했으면 한다. '코페르니쿠스적 전환'이라는 말이 일반적으로 쓰이지만, 관측 데이터에 기초를 둔 진정한 과학의 시작을 알린 케플러에게 경의를 표하며 '케플러적 전환'이라고 부르는 것이 적절하다고 생각한다.

이론에 데이터를 맞추지 않고 데이터에 이론을 맞추는 것이 과학이다. 사건을 조사할 때도 조사 방침에 들어맞게 증거를 수집한다면, 가설에 부합하지 않는 단서나 증거는 의식적으로든

무의식적으로든 채택되기 어렵고 이 때문에 누명을 쓰기도 한다. 어떤 분야에서든 오로지 증거가 될 만한 데이터를 수집하고, 다양한 의견에 허심탄회하게 귀를 기울이며, 이성적으로 사실을 검토하는 자세가 필요하다. 아래 케플러의 말을 곱씹어보자.

신학에서는 권위의 무게를, 철학에서는 이성의 무게를 헤아려야 한다.[17]

## 새로운 데이터를 힘으로

1600년 무렵 《우주의 신비》를 높게 평가한 **티코 브라헤**(Tycho Brahe, 1546~1601)는 프라하 외각에 있는 베나트키 성으로 케플러를 초빙했다. 관측 데이터를 정리할 조수로 채용한 것이다. 브라헤는 최고의 관측 장비를 갖춘 천문대를 운영하면서 육분의 (60도까지의 눈금자 부착)를 발명하고, 벽면을 활용해 거대한 사분의 (90도까지의 눈금자 부착)를 설치했다. 이러한 노력으로 10초 정도의 관측 정밀도를 자랑했다(여기서 분과 초는 각도를 측정하는 60진법의 단위로, 1분은 60도의 1이며 1초는 60분의 1이다).

당시 망원경은 발명됐으나 실용화는 이루어지지 않은 상태였다. 망원경이 천체 관측에 처음 쓰인 것은 케플러의 법칙이 최초로 발표된 1609년 무렵이다.[18] 이 무렵 영국의 토머스 해리엇(Thomas Harriot, 1560~1621)이 망원경으로 달을 관찰하고 스케치를 남겼다. 천문 관측은 가장 친숙한 천체인 달로 시작해 달로 끝난다고 하는 말이 있다. 한편 관측소나 천문대를 영어로 'observatory'라고 하는데 이것의 어원이 되는 단어는 'observe'(관찰하다)이다.

역사적으로 보면 케플러와 브라헤의 만남은 이론(법칙)과 실험(관측 데이터)의 만남이라는 이상적인 형태였지만, 실제로 두 천재의 관계는 고흐와 고갱처럼 긴장이 끊이지 않았다. 천동설을 지지했던 브라헤는 자신의 관측 데이터를 내주는 것이 아까워서 가장 해석이 어려운 화성 데이터를 케플러에게 건넸다. 케플러는 다음과 같이 말했다.

> 브라헤는 훌륭한 관측 결과를 가졌는데, 이는 새 건물을 지을 재료를 가진 것과 같습니다. 또 그에게는 여러 명의 협력자가 있고 원하는 것은 무엇이든 손에 넣을 수 있습니다. 단 하나 그에게 부족한 것은 독자적인 설계도를 쥐고 이에 따라 모든 것을 마음대로 부릴 수 있는 건축가입니다.[19]

여기서 '독자적인 설계도'란 과학적 착상이나 생각, 연구의 구상, 발상 같은 것이리라. 오차가 적은 확실한 데이터를 가진 것만으로는 아무 쓸모가 없다. 브라헤가 사망한 뒤 그가 남긴 귀중한 관측 데이터는 케플러의 손에 들어갔다. 케플러가 아니면 그 데이터를 활용할 사람이 없었으므로 이는 정당한 일이었다. 한편 브라헤의 죽음이 수은 중독을 이용한 암살이라는 설이 있었는데, 최근의 과학적 검증에 따르면 아무 근거도 없는 헛소문이라고 한다.[20]

## 데이터의 '오차'

데이터의 '오차'(참값과의 차이)가 발생하는 데는 주로 다섯 가지 요인이 있다.

첫째, 측정 대상에서 기인하는 것으로 대상이 되는 데이터 자체가 오차(움직임)를 가지는 경우이다. 예를 들어 꽃가루에서 방출된 미립자가 수면 위에서 보이는 불규칙한 운동을 **브라운 운동**이라고 하는데, 확률적으로 발생하는 움직임의 전형적인 예다.

둘째, 측정 환경에서 발생하는 것으로 데이터를 측정하는 환경에 존재하는 노이즈가 오차로 작용하는 경우이다. 예를 들어 별들이 반짝이는 것처럼 보이는 이유는 대기의 움직임과 하늘의 구름이 빛을 불균일하게 감소시키기 때문이다.

셋째, 측정 수단에서 기인하는 경우이다. 측정 장치에도 성능에 따라 전기 노이즈 등이 포함되어 있는데 이것이 오차의 원인이 된다. 노이즈 주파수가 제한적이어서 신호 영역과 다른 경우에는 노이즈필터를 써서 노이즈를 제거할 수 있다.

넷째, 측정자가 장치를 잘못 설정하거나 눈금을 잘못 읽어 오차가 발생하는 경우가 있다. 심리적인 요인도 작용하는데, 결과를 예측하고자 하는 실험자의 선입견이 실수를 유도하기도 한다.

다섯째, 데이터 처리에서 오차가 생길 때도 있다. 오차를 최소한으로 줄이더라도 데이터를 처리하는 단계에서 계산 실수를 하면 모든 노력이 물거품이 된다. 또한 반올림이나 모형화로 인한 오차가 누적될 수 있으므로 마지막까지 긴장을 늦춰서는 안 된다.

## 제대로 설정된 최초의 문제

브라헤가 관측한 정밀도 높은 화성 데이터를 눈앞에 둔 케플러는 곧 새로운 난제에 직면했다. 다양한 위치에 놓인 화성의 각도로부터 계산한 화성과 태양의 거리(궤도 반지름)가 궤도를 한 바퀴 도는 동안 시시각각 변했던 것이다. 또 일정 기간의 위치 변화로부터 계산한 화성의 공전 속도 크기(속력)도 일정하지 않았다.

그러나 화성의 공전 궤도는 일정했고 한 바퀴를 돈 다음에는 반드시 같은 위치에 나타났다. 여기에는 이 책 2장에서 살펴본 불확정성은 존재하지 않는다. 그렇다면 화성의 위치(궤도)와 운동량(속도)은 어떤 식으로 정해진 것일까?

이것은 제대로 설정된 문제를 과학이 처음으로 직면한 순간이었다.

# 난제를 향한 발걸음

케플러는 1609년에 《신천문학Astronomia Nova》[21]을 출판했다. 원제는 "천체물리학 혹은 원인에 근거해 위대한 스승 티코 브라헤가 관측한 화성의 운동을 설명한 새로운 천문학"으로 책의 내용을 단적으로 드러낸다.

특히 "원인에 근거해"에서 드러나듯이 케플러는 인과율에 따른 설명을 중시했다. 또 '본서에 대한 서론'에서는 "이 저서에서는 천문학 전체를 허구의 가설이 아닌 물리적 원인에 맡긴다"[22]라고 소리 높여 선언한다.

총 5부, 70장으로 구성된 이 방대한 책은 1605년에 거의 완성됐다. 이때 케플러의 나이는 서른넷이었다. 이 책이 과학사에서 특별한 이유는 추론 과정을 최대한 충실하게 기록했기 때문이다. 잘못된 추론이나 결과도 삭제하지 않고, 어떠한 근거로 정정하거나 수정했는지 알 수 있도록 남겨졌다. 지금부터 이 책에 서술된 두 가지 법칙의 발견 과정을 더듬어보자.

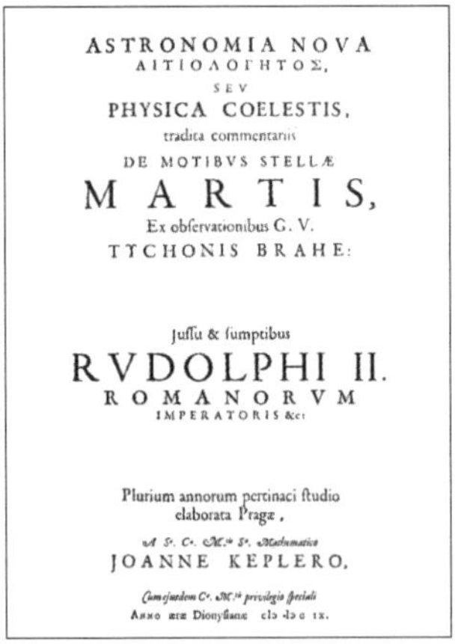

화성의 궤도를 계산하면서 시행착오를 거듭하던 케플러는 다음과 같이 중요한 착상을 떠

ASTRONOMIA NOVA
ΑΙΤΙΟΛΟΓΗΤΟΣ,
SEV
PHYSICA COELESTIS,
tradita commentariis
DE MOTIBVS STELLÆ
MARTIS,
Ex observationibus G. V.
TYCHONIS BRAHE:

Jussu & sumptibus
RVDOLPHI II.
ROMANORVM
IMPERATORIS &c:

Plurium annorum pertinaci studio
elaborata Pragæ,
A S. C. cM.tis S. cMathematico
JOANNE KEPLERO,

Cum ejusdem Cæ. cM.tis privilegio speciali
Anno æra Dionysiana cɪɔ ɪɔc ɪx.

**그림 3-8** 《신천문학》의 속표지.

올렸다(제40장).

이심원상에 무수히 많은 점이 있고 그곳까지의 거리도 무수히 많다는 것을 알았을 때, 문득 이심원의 면 안에 이 거리들이 모두 포함된다는 생각이 들었다. 일찍이 아르키메데스도 지름에 대한 원주의 비를 구할 때 원을 무수히 많은 삼각형으로 분할했던 것이 떠올랐기 때문이다.[23]

여기서 "지름에 대한 원주의 비"란 원주율 $\pi$를 말하며, 아르키메데스가 처음으로 이론적으로 접근해 근삿값을 알아냈다. 아르키메데스는 원에 내접하는 정육각형(모든 꼭짓점이 원과 접한다)과 외접하는 정육각형(모든 변이 원과 접한다)을 그린 다음, 원주의 길이는 이 두 정육각형의 둘레 길이의 사이에 온다고 생각했다. 이어서 정육각형을 정십이각형, 정이십사각형, 정사십팔각형, 정구십육각형으로 더 잘게 분할해 원주율의 값을 3.14까지 제대로 구했다.[24]

"무수히 많은 삼각형으로 분할"이라는 말은 정다각형의 한 변을 밑변으로 하고 그 변의 양 끝과 원의 중심이 만드는 이등변삼각형을 생각한 다음, 그 이

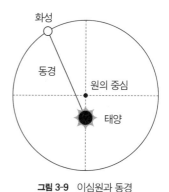

**그림 3-9** 이심원과 동경

등변삼각형을 단위로 원을 같게 나눈다는 뜻이다.

처음에 가정했던 원 궤도에서는 태양이 중심이고 행성은 원주 위를 운동한다. 하지만 이 원 궤도는 실제 데이터와 맞지 않았다. 그래서 케플러는 원의 중심에서 약간 벗어난 곳에 태양을 놓는 **이심원**을 검토했다(그림 3-9). 태양과 행성을 잇는 직선이 **동경**이고, 인용문에서 '거리'는 동경을 의미한다. 이심원에서도 화성의 궤도가 원이라는 점은 변함없지만, 이렇게 생각하면 태양과 행성을 잇는 동경의 길이가 항상 변하는 현상을 설명할 수 있다.

행성이 이심원 위를 이동한다고 가정했을 때, 무수한 동경이 만드는 작은 삼각형을 합하면 '면'(면적)을 이루지 않을까? 즉 행성이 운동함에 따라 동경이 쓸고 지나가는(동경에 의해 메워지는) 부분에 면적이 생긴다. 여기서 케플러의 머릿속에는 '궤도의 면적'에 주목해야겠다는 생각이 번뜩였을 것이다. 이 생각의 실마리가 된 것이 바로 아르키메데스의 발상이었다.


## '기적'의 법칙 발견

케플러의 두 가지 법칙 가운데, 나중에 발견된 행성 궤도에 관한 법칙을 더 기본적인 것으로 여겨 제1법칙이라고 부른다. 최초로 발견했던 행성 운동에 관한 법칙은 제2법칙으로 부르는 것이 현재의 관례이다. 19세기 후반에 출판된 맥스웰(5장 참고)의 책에서는, 실제로 발견한 순서에 따라 행성 운동에 관한 법칙을 제1법칙, 행성 궤도에 관한 법칙을 제2법칙이라고 하고 있다.[25]

《신천문학》 제40장에서 케플러는 다음의 세 가지 명제를 이끌어냈다.

① 행성의 궤도는 원이고, 중심에서 약간 벗어난 곳에 태양이 있다.
② 같은 길이의 호弧에서 행성의 소요 시간은 태양으로부터의 거리에 비례한다.
③ 행성과 태양 사이의 거리 합은 동경이 쓸고 지나가는 면적과 같다.

②와 ③을 합쳐서 생각해보자. 태양으로부터 거리가 멀어지면 동경이 이동하는 데 그만큼 시간이 걸리므로 일정한 시간 동안 동경이 쓸고 지나가는 '면적'은 행성의 위치에 구애받지 않고 항상 같다. 이것이 '케플러의 제2법칙'이다.

하지만 유감스럽게도 세 가지 명제는 모두 잘못됐다. ②처럼 행성은 태양에서 멀어질수록 천천히 운동하는 경향을 보이지만, 소요 시간과 거리가 정확히 비례하는 것은 행성이 태양과 가장 가까운 **근일점**(근점)과 태양과 가장 먼 **원일점**(원점)에 있을 때뿐이다. 행성 궤도의 동경은 이 두 점에서만 궤도의 접선과 수직으로 교차하기 때문이다.

①처럼 이심원을 가정하면 동경의 길이가 항상 변한다. 따라서 앞서 말한 아르키메데스의 방법과 같이 이등변삼각형으로 원을 균등하게 분할할 수 없으므로 ③은 옳지 않다. 여기서 케플러가 말하는 '거리 합'은 하나의 동경을 대칭축으로 하는 이등변삼각형의 면적으로 계산하므로 이 면적을 한 바퀴만큼 더해도 이심원의 전체 면적과 일치하지 않는다. 케플러 자신도 이 사실을 '거짓 추리'라고 인식했다.[26]

케플러는 화성의 궤도에 대한 명제 ①과 ③이 모두 잘못됐다는 점을 인정하고 '두 가지 오류'라고 불렀으며, 둘의 오차가 '정확히 상쇄한다'라고 생각했다.[27] 하지만 이 추론 또한 틀렸다.

즉 수학적으로는 옳은 법칙을 이끌어내기가 죄다 불가능해 보였다. 그러나 실패를 두려워하지 않고 나아간 끝에 마침내 기적적으로 옳은 법칙에 도달한다. 이것이 바로 과학적 발견에 필요한 '통제된 너저분함의 원리the principle of limited sloppiness'[28]를 보여주는 전형적인 예이다.

## 케플러의 제2법칙

시간 변화에 따른 면적의 변화를 **면적속도**라고 한다. 이 생각을 바탕으로 방금 살펴본 법칙을 다시 정리하면 다음과 같다.

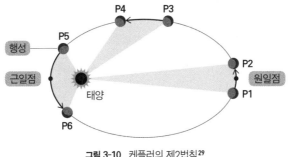

**그림 3-10** 케플러의 제2법칙[29]

**케플러의 제2법칙**  행성의 동경이 쓸고 지나가는 '면적속도'는
일정하다.

그림 3-10의 궤도를 보라. 왼쪽 끝은 근일점이고 이곳에서 속도
는 가장 빠르다. 또 오른쪽 끝은 원일점이고 이곳에서 속도는 가
장 느리다. 제2법칙에 따르면 궤도상 어느 위치에서든(예를 들어
색칠된 세 부분) 동경이 쓸고 지나가는 면적속도는 변하지 않는다.
화성이 아닌 다른 행성에 대해서도 제2법칙이 성립한다.

## 케플러의 거듭된 고뇌

이상에서 살펴봤듯이 행성의 운동에 관한 새로운 법칙을 얻었
지만 관측 데이터에 따르면 화성의 궤도는 명백히 이심형에서
벗어난다. 원처럼 완벽한 '대칭성'이나 '조화'는 왜 성립하지 않

을까?

《우주의 신비》를 쓰고 난 후 케플러는 수년에 걸쳐 시행착오를 거듭했던 것 같다. 그는 《신천문학》제44장에 이르러서도 여전히 화성의 궤도를 달걀 꼴이라고 생각하고 계산을 이어나갔다. 그 시점에서 관측으로 밝혀진 궤도의 특징을 정리하면 다음과 같다.

- 궤도는 원에서 벗어난 형태이다.
- 궤도는 선대칭이며 태양은 대칭축 위에 있다.
- 태양은 대칭축 중심에서 벗어난 곳에 위치한다.

지동설에 따라 태양은 태양계의 중심에 위치해야 하는데 왜 궤도의 중심에 있지 않을까?

그림 3-11은 차이를 이해하기 쉽도록, 원에서 벗어난 화성의

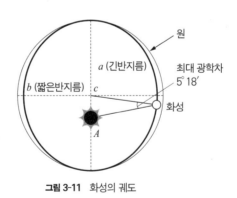

**그림 3-11** 화성의 궤도

궤도(굵은 선)를 과장해서 그린 것이다. 궤도 안쪽에 있는 대칭축의 절반을 **긴반지름 $a$**라고 하고, 그와 교차하는 선분을 **짧은반지름 $b$**라고 하자. 또 대칭축의 중심을 $c$라고 하고, $c$에서 떨어진 점 $A$에 태양이 있다고 하자.

케플러는 화성과 $c$를 잇는 선분과, 화성과 $A$를 잇는 선분(동경)이 이루는 각도를 구했다(그림 3-11). 이 각도를 '시각적 균차 optical equation'라고 하는데, 궤도 위 화성의 위치에 따라 변한다. 궤도가 긴반지름과 만나는 근일점과 원일점에서 시각적 균차는 0이다.

시각적 균차는 궤도가 짧은반지름과 만나는 부근에서 최댓값을 가지며, 이 값은 5도 18분($5°18'$이라고 표기한다)이었다. 또 긴반지름 $a$와 짧은반지름 $b$의 비를 구해보니 1.00429배였다. 각도 $5°18'$과 1.00429라는 수치 사이에서 어떤 수학적 관계를 찾아냄으로써 케플러는 새로운 법칙을 발견해냈다.

행성의 궤도가 어떤 형태인지는 알지만, 앞서 말한 각도와 수치가 어떤 관련이 있는지 감이 잡히지 않는 독자라면 케플러의 고뇌와 환희를 경험하는 '재미'를 맛볼 수 있을 것이다.[30] 《신천문학》에서 다루는 방대한 수치 중에서 이 특별한 수치의 관계를 발견한 것은 케플러의 놀라운 기억력과 집중력 덕분이다.

# 케플러의 제1법칙

이로써 케플러는 마침내 다음과 같은 법칙에 도달했다.

**케플러의 제1법칙**   행성은 태양을 초점으로 하는 타원 궤도상을
운동한다.

이 법칙은 화성뿐 아니라 모든 행성의 공전 운동에 적용된다.

타원에는 두 개의 초점이 있는데, 행성은 그중 한쪽에 위치하는 태양에 대해 타원 궤도를 그린다(그림 3-12). 나머지 하나의 초점에는 아무것도 없다는 점에 주의하자.

케플러는《신천문학》제59장에서 '주전원(여기서는 원 궤도를 의미)의 지름 위에서 칭동(秤動, 평균 상태에서 진동하여 변위하는 것)하는 화성의 궤도가 완벽한 타원인 것과 원의 면적이 타원주 위에 있

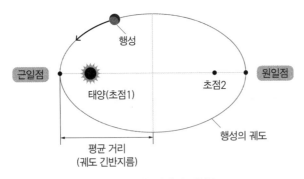

**그림 3-12**  케플러의 제1법칙[31]

는 점 사이 거리의 총합을 측정하는 척도인 것의 증명'이라는 제목을 붙이고, '타원 궤도'의 발견을 소리 높여 선언한다.

이와 같은 큰 진전이 있었지만 일곱 살 연상의 갈릴레오는 케플러의 업적을 인정하지 않았고《우주의 신비》와《신천문학》을 모두 묵살했다.[32] 애당초 갈릴레오가 케플러의 법칙을 살펴보기는 했는지조차 의문스럽다. 오랫동안 원이라고 믿어온 행성의 궤도가 실제로는 타원이라는 이 혁명적인 발견이 갈릴레오에게는 무척 받아들이기 어려운 일이었을 것이다. 아인슈타인은 "갈릴레오가 케플러의 업적을 인정하지 않았다는 이야기에 마음이 늘 아팠습니다"라고 말했다.[33]

공교롭게도 갈릴레오가 사망한 해에 태어난 뉴턴은 타원 궤도를 의심의 여지가 없는 사실로 '재발견'한다(4장 참고).

한편 케플러는 타원 궤도를 발견한 후에도, 궤도를 이심원으로 설정하는 등의 잘못된 가정으로 유도한 제2법칙의 도출법을 쉽게 수정하지 않았다. 케플러가 타원 궤도에 근거하여 제2법칙을 증명한 것은 1621년에 출판한《코페르니쿠스 천문학 개요 Epitome Astronomiae Copernicanae》5권에서였다.[34] 미분적분학이 없었던 시대였기 때문에 당연한 일이지만, 이 증명은 타원 궤도의 일부만을 대상으로 이루어져서 완전히 일반화되지는 못했다. 그래도 증명의 방향은 옳았기 때문에 적절히 보완하면 완성이 가능했다.[35]

# 과학자 케플러

이러한 발견을 통해서 케플러는 다음과 같은 말을 남겼다(《신천 문학》제58장).

> 추방을 명령받은 진실과 사물의 자연적인 본성이 뒷문을 열고 조용히 돌아와 모습을 바꾸고 내게 받아들여진 것이다.[36]

여기서 '추방을 명령받은 진실'이란 '타원 궤도'를 뜻한다. 또 케플러는 다음과 같이 자신의 발견을 되돌아봤다.

> 무엇보다 불안한 것은 수없이 생각하고 수없이 조사해봐도 (……) 행성이 왜 균차[각도차]를 지표로써 타원 궤도를 그리려고 하는지 그 이유를 발견할 수 없다는 점이었다. 나는 얼마나 어리석었던가. 지름 위의 청동이 타원으로 통하는 길일 리 없다고 생각하다니. 다음 장에서 밝히겠지만, 이렇게 나는 상당한 고생 끝에 타원이 청동과 양립한다고 생각하는 데 이르렀다. 동시에 다음 장에서 물리학적 원리로부터 도출한 논거가 이 장에서 제시한 관측 결과나 대용 가설에 의한 검증과 일치한다면, 행성의 궤도 모양은 완벽한 타원 외에는 아무것도 남지 않는다는 사실이 증명될 것이다.[37]

여기서 과학자 케플러의 진면목이 보인다. 자신의 사고 과정에 오류가 있다는 것을 스스로 발견하고 수정하는 일은 결코 쉽지 않다. 그리고 바로 여기에 창조성의 실마리가 있다.

---

➤ **스스로 생각해볼 문제 1** ◀

달은 지구에 항상 같은 면만 보여주며 공전한다(그림 3-13). 실제로 달은 언제 봐도 토끼 모양으로 보인다. 이것은 달의 자전 주기(27.3217일)와 공전 주기(27.3217일)가 정확히 일치(동기)한다는 것을 의미한다. 과연 이것은 우연의 일치일까?

**그림 3-13** 달의 앞면

지구가 하루에 한 바퀴 자전하면서 1년 동안 공전하는 것을 생각하면 달의 자전 주기와 공전 주기가 정확히 일치하는 것은 매우 불가사의한 일이다. 한편 화성의 위성인 포보스와 데이모스도 자전 주기와 공전 주기가 일치한다고 알려졌다.

'하늘은 우연을 좋아한다'는 어설픈 설명을 납득하기 어렵다면 '수없이 생각하고 수없이 조사해보기' 바란다(💡, 답은 7장).

익숙한 달의 앞면(지구에 면하는 쪽)에 비해 달의 뒷면은 별세계와 같은 지형이다(그림 3-14). 앞면에는 거대한 평지('폭풍의 대양'이나 '고요의 바다' 등)가 펼쳐지고 크레이터(운석의 충돌 등으로 생긴 분지)는 적은데 반해, 뒷면은 크고 작은 무수한 크레이터로 뒤덮였다. 또한 형세가 크고 에베레스트에 버금가는 산맥과 분지가 있다. 그 이유는 무엇일까?(💡, 답은 7장).

한편 교재로 판매되는 '월구의'로 달을 직접 만들어볼 수 있다.[39] 백문이 불여일견. 달의 뒷면을 직접 확인해보기 바란다.

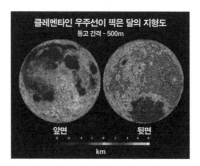

**그림 3-14**  달의 앞면과 뒷면[38]

# 케플러에서
# 뉴턴으로

4장에서는 케플러가 발견한 행성의 운동 법칙(3장 참고)이 어떤 과정을 거쳐 보편적인 운동 법칙으로 전개됐는지 살펴보자. 여기에는 '천체에서 모든 물체로'라는 사고의 확장이 있었다. **아이작 뉴턴**(Sir Isaac Newton, 1642~1727)이 발견한 **만유인력**universal gravitation은 직역하면 '보편 중력'이며, 어원도 우주universe에서 기원한 '중력의 법칙'이다.

## 케플러의 집념

케플러는 연구를 시작할 무렵부터 태양이 어떻게 행성의 운동을 '지배'하는지 끊임없이 의문을 품었다. 《신천문학》에서 각 행성이 타원 궤도를 그린다는 사실을 밝혀낸 뒤로는《우주의 신비》에서 시도했던 정다면체 모형으로 바꿔서 행성 궤도가 서로 어떤 관계인지를 확실히 보여줄 법칙을 찾아내야 한다는 필요성을 느꼈을 것이다.

《신천문학》제32장의 제목은 "행성을 원 운동시키는 힘은 원천에서 멀어질수록 감쇠한다"이다. 거리가 멀어질수록 태양의 '지배력'이 약해진다면 멀리 떨어진 행성일수록 공전 주기가 길어질 것이다.

케플러는 '공전 궤도를 이동하는 행성이 태양으로부터 두 개의 서로 다른 거리를 취하면, 행성의 공전 주기는 거리, 즉 원 반지름 크기의 제곱이 된다'[1]라는 것을 '매우 진실성 높은' 공리로 받아들이려고 한 적도 있으나 실제 데이터가 이 예상과 맞지 않았기 때문에 단념했다.

그러나 케플러는 포기하지 않았다. 모든 행성의 관계성을 밝힐 만한 보편적인 법칙을 찾아내기 위해 십수 년 동안 홀로 고뇌를 거듭했다. 그사이 아내와 자식이 병으로 사망하고 어머니는 마녀재판에 붙잡혀 세상을 떠나고 말았다. 이러한 역경을 극복하기 위해 연구에 몰두하지 않았다면 케플러의 노력은 결실을 맺지 못했을 것이다.

# 노력의 결실

케플러는 1619년에 약칭《우주의 조화Harmonices Mundi》[2]를 출판했다(그림 4-1). 총 5권, 35장으로 이루어진 방대한 책으로 출판되기 직전 해에 완성됐다.

한편 이 책의 제목 '하모니아 문디'는 독일과 프랑스에서 각각 독립된 음악 레이블이 됐다. 독일의 하모니아 문디는 중세부터 바로크 이후까지의 고전 음악을 중심으로 다루는 오래된 레이블로 클래식 팬들에게는 익숙할 것이다.

속표지에는 각 권을 요약한 내용이 담겼다. 1권은 기하학의 서, 2권은 조형의 서, 3권은 음악의 서, 4권은 형이상학·심리학·점성술의 서, 5권은 천문학·형이상학의 서로 다채롭게 구성됐다. 형이상학metaphysics이란 '메타적'인 물리학, 즉 물리학의 물리학이라는 의미로 존재에 대한 인식을 다루는 철학이다(마지막 장 참고). 이 저서에서 학문과 예술에 대한 케플러의 폭넓은 사색이 결실을 맺는다.

마지막 5권 "천체 운동의 완벽한 조화 및 이심률과 궤도 반지름과 공전 주기의 기원"에서

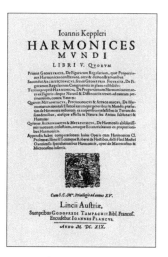

**그림 4-1** 《우주의 조화》 속표지

는 제목 그대로 궤도 반지름과 공전 주기의 법칙을 처음으로 밝혀냈다.

타원의 초점이 중심으로부터 떨어진 정도를 **이심률**이라고 한다. 이것은 초점과 중심 간의 거리를 긴반지름의 길이로 나눈 값이다. 이심률이 0이면 초점과 중심이 일치하는 궤도, 즉 원이 된다. 이심률이 1에 가깝고 초점이 중심으로부터 멀어지면 편평한 타원이 된다. 화성의 이심률은 0.093으로, 초점이 10퍼센트 정도 치우친다.


## 발견의 순간

케플러는 새로운 법칙을 발견한 순간을 다음과 같이 기록했다.

> 브라헤의 관측 결과를 바탕으로 매우 긴 시간 동안 끊임없이 노력을 기울여 궤도의 실제 간격을 발견하고, 마침내 궤도의 비에 대한 공전 주기의 정확한 비를 알게 됐다. (……) 브라헤의 관측 결과에 몰두했던 17년간의 노력과 현재의 발상이 완벽히 일치하는 것을 확인했기 때문에 처음에는 꿈속에서 결과를 미리 전제로 사용한 것이라고 생각했을 정도였다.[3]

여기서 "결과를 미리 전제로 사용"하는 것은 **논점 절취의 허위의**

오류이다. 결론(논점)을 미리 가정해버리면 아무것도 밝혀낸 것이 없는 것과 같다. 이 오류는 전제와 결론이 순환하기 때문에 순환논법circular logic이라고도 하며, 치명적인 논리적 결함으로 간주된다.

종종 보이는 다른 형태의 오류로 **논점 상위의 허위**가 있다. 이것은 중간에 논점에서 벗어나는 오류이다. 위대한 발견 이면에는 허탕으로 끝날지도 모른다는 불안감이 늘 존재하는 법이다.


# 케플러의 제3법칙

케플러는 "두 행성이 이루는 공전 주기의 비는 정확히 평균 거리, 즉 궤도 반지름 길이 비의 2분의 3제곱이다"라고 서술한다.[4] 즉 올바른 공전 주기의 비는 《신천문학》에서 말한 '제곱'이 아니라 '2분의 3제곱', 즉 '1.5제곱'이었던 것이다.

이 법칙을 바꿔 말하면 다음과 같다.

> **케플러의 제3법칙**　공전 주기의 제곱과 궤도 긴반지름(행성과 태양 간의 평균 거리)의 3제곱의 비는 모든 행성에서 같은 값을 갖는다.

이 비례 상수는 엄밀히 말하면 '태양과 행성의 질량의 합'에 반비례하는데, 태양의 질량이 다른 행성의 질량보다 훨씬 크기 때문에 근사적으로 태양의 질량에 반비례한다고 봐도 무방하다. 이 근사로 인해 태양계의 모든 행성에 비례 상수가 공통으로 적용된다는 점은 케플러에게 행운이었다. 만약 비례 상수가 행성의 질량에 좌우됐다면 모든 행성에 통용되는 관계를 찾던 케플러는 제3법칙을 발견하지 못했을지도 모른다. 과학적 발견에는 운도 따라야 하는 것이다.

태양계 행성들의 데이터를 그래프로 나타내보자. 데이터에는 토성보다 먼 천왕성과 해왕성도 포함됐다(그림 4-2).

세로축은 행성의 공전 주기(년)이다. 가로축은 각 행성의 궤도 긴반지름으로, 지구의 궤도 긴반지름을 1로 놓았다. 지구의 궤도 긴반지름을 거리의 단위로 삼은 것이 천문단위 AU이며, 1AU

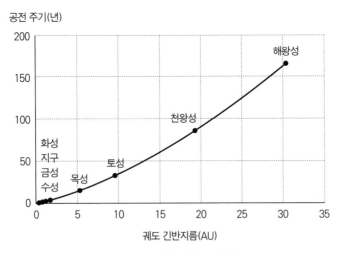

**그림 4-2** 태양계 행성의 데이터

는 $1.49597870 \times 10^{11}$m(약 1.5억km)이다.

그래프를 보면 모든 행성의 데이터가 하나의 곡선 위에 놓였다. 이것은 우연이 아니라 태양계의 법칙인 제3법칙을 나타내는 것이다.

《우주의 조화》의 마지막 권인 5권의 서문은 다음과 같이 끝맺는다.

> 보라, 나는 주사위를 던지고 글을 쓴다. 당대 사람들에게 읽히든 후대 사람들에게 읽히든 아무래도 좋다. 신이 6000년 동안 관상자觀想者를 기다렸다면 이 책은 100년 동안 독자를 기다릴 것이다.[5]

케플러의 남다른 자신감과 강한 의지가 느껴지는 한마디이다. 실제로 이 책은 그 후 400년에 걸쳐 전 세계에서 읽히고 있다.

---

→ 스스로 생각해볼 문제 3 ←

**질문** 태양계의 모든 행성은 거의 동일한 평면상의 타원 궤도를 취한다. 각 궤도면의 기울기는 약 3도 이내이다(수성만 7도). 우연의 일치라고 생각하기는 어려운 일이다. 과연 이 현상을 어떻게 설명해야 할까?

(힌트-시간의 규모를 크게 확장해서 생각해보라.)

**답** 행성이 공전하는 방향도 전부 일치한다는 점에 주목한다. 태양이 탄생했던 수십억 년 전, 행성을 형성하는 암석과 얼음, 가스는 회전 운동으로 인해 원반 형태를 이루었을 것이다. 이후 원반 바깥쪽은 원심력 때문에 분열하면서 확대됐고, 만유인력의 영향으로 곳곳에서 응집한 덩어리가 둥근 모양의 행성이 되어 태양 주위를 공전하게 됐을 것이다. 이로써 행성이 모두 같은 방향으로 회전하면서 동일한 평면상에서 타원 궤도를 취하는 현상이 자연스럽게 설명된다. 한편 행성의 자전축이나 자전 방향은 각 행성이 만들어진 방식에 따라 다른 것으로 생각할 수 있다.

## 르네 데카르트

케플러와 뉴턴의 시대를 연결할 때 빼놓을 수 없는 과학자 중 한 사람이 데카르트이다(그림 4-3). 그는 "나는 생각한다, 고로 존재한다(라틴어로 "코기토, 에르고 숨Cogito, ergo sum")"라는 말로 유명한 프랑스의 철학자이지만, 수학사에도 큰 공헌을 했다.

데카르트가 1637년에 출판한 《방법서설》은 획기적인 저서였다. 당시 학술서를 쓸 때는 독일어나 영어가 아닌 라틴어를 공용어로 사용하는 습관이 있었다. 그래서 번역이 되지 않으면 일반인들은 읽기가 어려웠다. 그래서 데카르트는 처음부터 《방법서설》을 프랑스어로 집필해 철학적인 사고를 일상적인 언어로 이해하기 쉽게 전달하고자 했다.

《방법서설》이 훌륭한 또 다른 이유는 '시론試論'의 하나로 《기하학》에 대한 해설을 담았다는 점이다.[6] 그것도 고전적인 기하학이 아니라 처음으로 기하학과 대수를 융합한 기하학이었으며 이것이 **대수기하학**의 시작이 됐다. 이러한 데카르트의 업적에 경의를 표

**그림 4-3** 데카르트

하는 뜻에서 식을 그래프로 나타낼 때 사용하는 **좌표축**의 쌍(예를 들어 축과 축)을 데카르트 좌표계Cartesian coordinates라고 부른다. **데카르트 좌표계**는 5장에서 실제로 사용해볼 것이다.

1장에서 말했듯이 수학은 기하학, 대수학, 해석학이라는 세 분야로 나누어진다. 데카르트에 이어 뉴턴은 미분적분학을 고안하여 해석학을 개척했다. 이 흐름은 18세기 오일러의 활약에 이르러 꽃을 피운다. 뉴턴은 위치, 속도, 가속도와 같은 해석적인 문제도 기하학에 근거하여 풀었다. 이처럼 데카르트의 《기하학》은 헤아릴 수 없을 정도로 큰 영향을 미쳤다.

## 데카르트의 자연법칙

데카르트는 1644년에 라틴어로 출판한 《철학원리》[7]에서 다음의 세 가지 '자연법칙'을 제시한다. 갈릴레오는 막 세상을 떠나고 뉴턴은 막 세상에 태어난 때였다.

> **데카르트의 제1법칙** 모든 물체는 항상 같은 상태를 유지하려고 한다. 따라서 한 번 움직이기 시작하면 계속해서 움직인다.[8]

같은 속도의 운동 또는 정지 상태를 유지하려고 하는 성질을 **관성**이라고 한다. 즉 제1법칙은 **관성의 법칙**이다. 당시에는 '운동을 유지하려면 계속해서 힘을 가해야 한다'라는 아리스토텔레스의 설이 지배적이었던 것을 고려하면, 이 법칙은 근대 과학의 시작을 알리는 것이었다.

한편 갈릴레이는 1613년에 출간한 《흑점에 관한 편지들》에서 외부의 작용이 전혀 없으면 원 운동 상태나 정지 상태가 유지된다고 썼다.[9] 원 관성이라고 불리는 이 생각은 운동을 충분히 파악하지 못한 데서 기인했다. 원 관성은 관성이 아니므로 "관성의 원리가 여기서 명확히 표현된다"[10]라는 주석은 옳지 않다.

데카르트는 갈릴레오의 실수를 답습하지 않고 독자적인 사색을 거듭한 끝에 관성이 원이 아닌 직선이라는 사실을 깨달았다. 물체의 운동에 대한 올바른 인식은 다음 법칙에 분명히 드러난다.

**데카르트의 제2법칙**　모든 운동은 그 자체로는 직선이다. 따라서 원 운동을 하는 물체는 원의 중심에서 항상 멀어지려는 경향을 보인다.[11]

"원의 중심에서 항상 멀어지려는 경향을 보이는" 힘이란 **원심력**이다. 즉 제2법칙은 '원심력의 법칙'이다. 제1법칙과 합쳐서 생각해보면 이 '직선적'인 운동 '경향'은 관성을 제대로 파악한 것이다. 그리고 원심력은 원 궤도의 접선 방향을 향해 직선적으로 운동하려는(원의 중심을 향해 가해진 힘에 대해서 저항한다) 성질로, 뒤에서 서술할 '관성력'의 일종이다.

**데카르트의 제3법칙**　물체는 더 강한 다른 물체와 충돌할 때는 자신의 운동을 전혀 잃지 않지만, 더 약한 물체와 충돌할 때는 그 약한 물체로 이동한 만큼의 운동을 잃는다.[12]

여기서 말하는 '운동'이란 운동량의 크기를 뜻하며, 충돌에 관한 두 가지의 경우를 설명한다. 앞부분은, 예를 들어 물체가 벽(더 강한 다른 물체)과 충돌해 튕겨 나오는 경우이다. 하지만 물체가 운동량을 잃지 않는 경우는 충돌해도 소리가 나지 않고 물체의 변형이나 파괴가 없을 때로 제한된다. 또한 벽이 받은 운동량도 함께 생각해야 한다.

뒷부분은 한쪽이 운동량을 잃고 그만큼의 운동량이 다른 쪽으로 이동하는 경우이다. 이렇게 보충을 하면 어떤 명제든 운동량 보존의 법칙을 이루는 시초가 된다.

데카르트가 자신의 세 법칙을 "신의 활동 불변성"으로부터 이끌어내고 "피조물의 부단한 변화 자체가 신의 불변성을 증명한다"[13]라고 한 것은 순환논법이었다. 그래도 뉴턴으로 이어지는 가교 역할은 충분히 해냈다.


## 아이작 뉴턴

행운아 뉴턴, 과학의 행복한 요람기여![14]


이 말은 아인슈타인이 뉴턴(그림 4-4)에게 보내는 찬사이다. 근대 우주관을 창조한 뉴턴은 앞으로 소개할 《자연철학의 수학적 원리》(1686) 외에도 영어로 쓴 《광학Opticks》(1704) 등의 뛰어난 저서를 남겼다. 한편으로는 사교성이 부족하고 까다로운 면도 있었지만 천재적인 두뇌를 생각하면 이러한 성격은 필요악이었

**그림 4-4  뉴턴[15]**

을지도 모른다. 뉴턴의 이미지는 셜록 홈스와 비슷한 면이 있다.

뉴턴은 크리스마스에 태어났다(당시 영국에서 사용하던 율리우스력에 따른다). 몇몇 대학의 물리학과에서는 크리스마스에 '뉴턴제'라고 해서 송년회를 연다. 강의 중에 이 이야기를 했더니 한 여학생이 강의 댓글에 '크리스마스 케이크와 생일 케이크가 같다니 안 됐다'는 소감을 남겼다. 그런 단점도 있다는 것을 처음으로 깨달았다.


## 《자연철학의 수학적 원리》

**《자연철학의 수학적 원리**Philosophiae Naturalis Principia Mathematica**》**[16]는 근대 과학의 확립을 알린 금자탑이었다(그림 4-5). 줄여서 《프린키피아》나 《프린시피아》라고 부르며 총 3권, 24장으로 이루어졌다. 라틴어 초판은 1687년에 나왔으며, 뉴턴이 45세 무렵일 때 2년에 걸쳐 집필한 것이다. 친구인 핼리가 뉴턴에게 출판을 권유했고 출판 비용도 부담했다. 지금부터 《자연철학의 수학적 원리》에서 인용한 문장은 과학사가 **버나드 코헨**

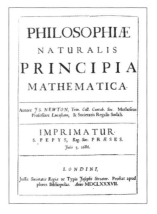

**그림 4-5** 《자연철학의 수학적 원리》
(1686) 속표지

(I. Barnard Cohen, 1914~2003)의 영어 신역[17]을 번역한 것이다. 이 대형 영문 번역서에는 370쪽에 이르는 코헨 등의 '가이드'에 이어서 570쪽의 본문이 실려 있다. 코헨이 말년의 십수 년을 쏟아부은 열정이 느껴지는 책이다.

## 시간과 공간

《자연철학의 수학적 원리》의 본문은 8개의 '정의'로부터 시작한다. 그 뒤를 이어 '주석Scholium'에서는 시간, 공간, 장소, 운동에 관한 생각이 정리되어 소개된다. 먼저 시간과 공간에 대한 주석을 살펴보자.

> **주석 1**　절대적이고 참되며 수학적인 시간time은, 본질적으로 외부의 어떠한 것과도 상관없이 균일하게 흐른다. 다른 이름으로 기간duration이라고도 불린다. 상대적이고 표면적이며 일반적인 시간은 운동을 통해 지각할 수 있는 외부의(정확 또는 부정확한) 기간에 대한 척도이다. 이러한 척도—예를 들어 한 시간, 하루, 한 달, 일 년 따위—는 진짜 시간을 대신해 쓰인다.[18]

예를 들어 천체의 운동을 관찰하면 3장에서 설명했듯이 시간을 측정해 상대적으로 비교할 수 있다. 뉴턴은 이러한 외부의 척도와는 상관없이 균일하게 흐르는 절대적인 시간이 있다고 가정한 것이다. 인간 세계를 초월한 유구한 시간의 흐름이라고 해야 할까?

> **주석 2**  절대적인 공간은 본질적으로 외부의 어떠한 것과도 상관없이 항상 균질하며 부동不動이다. 상대적인 공간은 절대적인 공간에 대한 가동可動의 척도 혹은 차원이다. 이러한 척도나 차원은 우리의 감각을 통해 물체가 놓인 공간의 상황으로부터 결정되며, 부동의 공간으로써 일반적으로 쓰인다.[19]

이 출발점으로 보아 뉴턴은 절대적이고 움직이지 않는 공간의 존재를 인정했다. 이 가정은 가속도를 수반하는 절대적인 운동(**절대 운동**)을 특별히 다루기 위해 반드시 필요했다. 실제로 이 주석 뒤에는 절대 운동에 대한 긴 논의가 이어진다. 이 부분은 7장에서 다시 다루기로 한다.

두 가지의 주석을 보면 뉴턴이 시간과 공간을 완전히 독립된 것으로 여겼음을 알 수 있다. 이런 생각은 아인슈타인의 상대론이 등장하고 나서 더 이상 유지될 수 없었다(5장 참고). 상대적인 시간이나 공간으로 모든 상대적 운동(**상대 운동**)을 기술하는 이론이 확립된 뒤로, 절대적 시간과 공간은 그 존재 의의를 잃은 것이다.

## 질량과 운동량의 정의

《자연철학의 수학적 원리》에서는《유클리드 원론》을 본받아 법칙이나 구체적 명제를 설명하기에 앞서 용어를 정의한다. 첫 정의는 **질량**(물질의 양)이다. 여기서 말하는 질량은 관성과 관련되기 때문에 특별히 **관성 질량**inertial mass이라고 부른다.

> **정의 1** 물질의 양이란 밀도와 부피가 결합해[곱해서] 발생하는 물질의 척도이다. (……) 앞으로 '물체' 또는 '질량'이라는 용어를 사용할 때는 이 양을 의미한다. 이것은 항상 물체의 중량weight으로부터 알 수 있다. 왜냐하면—진자를 이용한 매우 정밀한 실험을 통해서—뒤에서 서술하겠지만 이것[질량]이 중량에 비례한다는 사실을 발견했기 때문이다.[20]

여기서 뉴턴이 물체에 작용하는 중력인 **중량**(무게)을 질량과 엄밀히 구별함을 알 수 있다. 또 질량과 중량 사이에는 비례 관계가 성립한다는 점도 기억해두자. '진자를 이용한 매우 정밀한 실험'에 대해서는 제2권 6장에서 설명한다.[21]

정의 1로부터 시작되는 '뉴턴 역학'의 체계에서는 밀도를 '질량 ÷ 부피'로 정의해서는 안 된다. 두 정의가 서로 순환하기 때문이다. 그러면 '밀도'가 정의되지 않는다. 밀도는 '단위 부피에 들어 있는 원자의 수'라고 생각하면 된다.[22] 뉴턴은 불필요한 가정이나 가설을 도입하는 것을 싫어했기 때문에 군이 '밀도'를 정의하지 않았던 것 같다.

다음은 **운동량**의 정의이다. 이 정의는 2장에 나온 것과 동일하다.

> **정의 2**  운동의 양이란 속도와 물질의 양이 결합해[곱해서] 발생하는 운동의 척도이다.[23]

정의 3부터는 법칙과 함께 살펴보기로 한다.

## 운동의 공리

지금부터 설명할 뉴턴의 세 가지 법칙은 '공리 또는 운동 법칙 Axioms, or the Laws of Motion'이라는 말에서 알 수 있듯이 '공리'로서의 운동 법칙이다. 즉 이것은 증명 없이도 인정되는 것이며 '원리'와 같다. 데카르트처럼 신의 존재를 내세워 증명해서는 안 됐던 것이다.

이 세 가지 공리를 바탕으로 다양한 현상이 도출된다. 그때마다 공리로 돌아가서 필요한 사고나 논의를 더해 나간다.《자연철학의 수학적 원리》는 세 가지 공리를 기초로 세워진 장대한 건축물이다. 그리고 그 정점에는 만유인력의 법칙이 있다.

뉴턴은 세 가지 공리의 출처를 밝히지 않았다. 처음 두 법칙은 이미 데카르트가 제시한 것으로 새로운 발견은 아니지만 법칙을 넘어 '공리'로 규정했다는 점에서 특별하다. 그리고 마지막 하나(제3법칙)는 뉴턴이 독자적으로 발견한 것이다.

## 뉴턴의 제1법칙

뉴턴의 제1법칙은 '관성의 법칙'이고 데카르트의 제1법칙과 동일하다.

> **뉴턴의 제1법칙**  모든 물체는 외부의 힘 때문에 상태가 변하지 않는 이상, 정지하거나 똑바로 일정하게 운동하는 상태를 유지한다.[24]

'정지하거나 똑바로 일정하게 운동하는 상태'란 속도, 즉 속력과 운동 방향이 변함없는 운동을 뜻한다(그림 4-6). 속도가 일정하고 가속도가 없는 운동을 **등속도 운동**(등속직선운동)이라고 한다.

속력이 일정하더라도 **등속 원운동**처럼 운동의 방향이 변하면 등속도 운동이 아니다. 또한 관성의 법칙이 성립하고 가속도가 없는 좌표계를 관성계라고 한다. 앞에서 설명했듯이 뉴턴은 시간과 공간이라는 각각 독립된 **관성계**를 가정했다.

한편 등속도 운동은 항상 상대적이라고 생각해야 한다. 이 점에 관해서 뉴턴은 다음과 같이 분명히 밝혔다.

일반적인 의미에서 운동과 정지는 시점에 따라서만 서로 구별되고, 보통 정지했다고 간주되는 물체가 정말로 항상 정지 중이라고는 말할 수 없다.[25]

즉 운동과 정지는 상대적인 관점 차이에 불과하다. 지상에서 정지한 물체를 태양에서 보면 지구와 함께 초속 약 30km(시속이 아니다!)의 공전 속도로 날아가는 것처럼 보인다. 관성계에서 나타나는 운동의 상대성에 대해서는 5장에서 자세히 설명한다.

**그림 4-6**  뉴턴의 제1법칙

## 관성력과 외력·내력의 정의

뉴턴의 제1법칙은 전제로 놓인 두 가지 정의와 관련이 있다.

**정의 3**　물질의 고유력이란 모든 물체가 최대한 정지하거나, 똑바로 일정하게 운동하는 상태를 유지하려는 저항력이다.[26]

뉴턴은 이 정의 뒤에 고유력은 **관성력**force of inertia 이라고도 부를 수 있다고 서술한다. 즉 관성력은 외부의 힘에 저항하는 힘이며, 모든 물질이 가지는 고유의 성질이라고 생각할 수 있다. 한편 관성 대신에 '타성'이라고 부르기도 하는데, 타성이라는 말은 무기력한 상태를 의미하기도 하므로 이것 대신 다른 단어를 쓰는 편이 좋다. 실제로 뜻을 떠올리기 힘든 '타성력'이라는 용어는 쓰이지 않는다. 관성은 우리의 길을 관통하는 강력함을 갖춘 것이다.

**정의 4**　가해진 힘은 정지하거나 똑바로 일정하게 운동하는 물체의 상태를 변화시키는 작용action 이다.[27]

정의 4는 관성력 이외의 힘을 정의한 것이다. 이 같은 일반적인 힘은 **외력**(외부에서 가해지는 힘)과 **내력**(내부에서 가해지는 힘)으로 나뉜다. 내력은 물체의 내부나 둘 이상의 물체 사이에서 작용하는 힘을 가리키며, 관성력과는 전혀 다른 힘이라는 점에 주의하자.

한편 외력과 내력은 시점의 차이에 따른 구별이므로 동일한 힘을 어느 쪽으로든 부를 수 있다. 예를 들어 행성의 시점에서는 태양의 인력이 외력이지만, 태양계 전체의 시점에서는 행성과 태양 간의 인력은 전부 내력으로 볼 수 있다.

정의 3과 정의 4처럼 운동 상태로부터 힘을 정의하면 제1법 칙과 순환하게 된다. 즉 '관성력은 관성의 상태를 유지하는 저항 력이다'라는 정의와 '관성력만 있다면 관성의 상태를 유지한다' 는 법칙이 순환하기 때문에 관성력이나 다른 힘의 본질이 불분 명하다.

이 점은 현대 물리학도 아직 완벽히 해명하지 못했으며 근원 적으로는 '힘이란 무엇인가'라는 문제에서 기인한다. 뉴턴의 이 론은 그 출발점인 관성력과 외력·내력에서 만유인력에 이르기 까지 힘의 기원을 전혀 언급하지 않고 만들어졌다. 힘의 본질을 알지 못한 채 힘을 논하는 '역학'은 열의 본질을 알지 못한 채 열 을 논하는 '열역학'과 마찬가지로 물리학 특유의 사고법이다.

한편 8개의 정의 가운데 정의 5부터 정의 8은 구심력에 관한 것이다. 정의는 최소한으로 하고 임시변통(ad-hoc, '특정 문제에서만 성립하는 일시적인'이라는 뜻)의 가정은 최대한 배제했다. 정의 뒤 주 석에서는 회전하는 양동이를 예로 들어 상대 운동과 절대 운동 에 대한 깊은 논의를 이어나간다(7장 참고).

# 뉴턴의 제2법칙

뉴턴의 제2법칙은 **운동의 법칙**으로 뉴턴의 운동 법칙에서 매우 핵심적인 부분이다.

> **뉴턴의 제2법칙**  운동의 변화는 가해진 추진력motive force에 비례하며, 가해진 힘을 따라 일직선으로 일어난다.[28]

먼저 운동과 힘의 관계를 생각해보자. 그림 4-7의 로켓에서는 시간에 따라 일정한 비율로 증가하는 속도를 화살표로 나타냈다. 거리는 시간 변화의 제곱에 비례하여 증가한다. 이때 로켓의 운동량 변화는 추진력의 크기와 시간 변화에 비례한다. 또한 로켓의 운동 방향은 추진력의 방향과 같다는 것도 알 수 있다.

뉴턴의 제2법칙은 다음과 같이 공식화할 수 있다.

운동( = 운동량)의 변화

= [질량 × 속도]의 변화(정의2로부터)

= 질량 × 속도 변화

= 추진력 × 시간 변화 ∝ 추진력

'∝'은 비례를 의미하는 기호이다. 한편 운동 중인 물체의 질량은 변하지 않는 것으로 한다. **추진력**은 외력과 내력을 모두 포함한다.

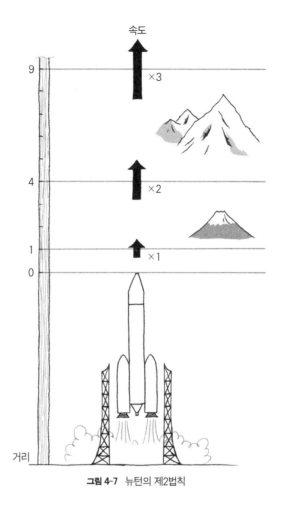

속도

×3

×2

×1

거리

**그림 4-7** 뉴턴의 제2법칙

    물체에 외력을 가하더라도 그 외력과 동일한 크기의 마찰력
이나 공기 저항이 항상 반대 방향으로 작용한다면 운동의 변화
는 발생하지 않는다. 일반적으로 어떤 물체에 작용하는 모든 힘
이 균형을 이루면 추진력의 총합은 0이 되고, 그 물체의 운동량

은 변하지 않고 유지된다. 이것이 **운동량 보존의 법칙**이라는 매우 중요한 법칙이다. 거꾸로 운동량이 변하지 않으면 추진력의 총합은 0이 된다.


## 가속도로 나타내는 제2법칙

운동량의 변화가 같더라도 그 변화에 걸리는 시간이 짧을수록 큰 추진력이 필요하다. 시간의 변화에 따른 속도의 변화를 **가속도**라고 한다. 가속도를 이용하여 뉴턴의 제2법칙을 다음과 같이 나타낼 수 있다.

질량 × 가속도 = 추진력

속도는 m/s라는 단위를 사용하고, 가속도는 $m/s^2$이라는 단위를 사용한다. 또한 가속도와 추진력은 속도나 운동량과 마찬가지로 크기와 방향을 가지는 양이며 **벡터**라고 한다. 가속도에 마이너스 부호가 붙으면 정해진 좌표 방향과 방향이 반대인 벡터를 의미한다.

물체의 질량은 양의 값이므로, 추진력의 부호(+/-)는 뉴턴의 제2법칙에서 알 수 있듯이 항상 가속도의 부호와 일치한다. 한편 가속도라는 용어는 가속과 감속을 모두 포함한다. 가속도와 속도의 부호가 일치하면 가속이고, 일치하지 않으면 감속이다. 마이너스 가속도가 감속을 의미하는 것이 아니므로 주의한다. 예를 들어 지구에서 달로 발사된 직후의 로켓은, 달 기지에서 올려다보면 마이너스의 속도와 가속도로 날아오는 것이다.

가속으로 생기는 운동 변화는 자동차의 액셀을 밟아본 적이 있다면 상상하기 쉽다. 액셀은 영어 '가속도accelerator'를 줄여 부르는 말이다. 반면 주행 중에 브레이크를 밟으면 '음의 추진력'이 가해져 감속이 일어난다. 단시간에 자동차의 속도를 변화시키려면 액셀이나 브레이크를 힘껏 밟아서 큰 힘을 가해야 한다.

자동차의 가속이나 감속이 그렇듯이 관성을 넘어서는 추진력은 운동에 변화를 일으킨다. 따라서 제2법칙처럼 운동량의 변화가 추진력에 비례한다고 생각하는 것은 자연스럽다. 한편 추진력이 운동 방향과 항상 수직으로 작용하고 원 운동을 일으킨다는 데카르트의 제2법칙(원심력의 법칙)은, 뉴턴의 제2법칙의 특수한 경우를 나타낸다.

## 뉴턴의 '발견'

뉴턴의 제2법칙에 따르면 추진력 없이는 운동의 변화가 발생하지 않는다. 따라서 제2법칙을 제1법칙과 같은 것으로 생각할 수도 있다. 즉 제2법칙이 있으면 제1법칙은 굳이 서술할 필요가 없지 않을까 하는 의문이 생긴다.

　하지만 제2법칙으로는 물질이 '관성'이라는 고유의 성질을 갖는다는 것을 설명할 수 없기 때문에 '관성'을 법칙으로써 미리 명시해둘 필요가 있다. 5장 이후에서 설명할 상대성이론에서도, 등속도 운동이라는 특수한 조건을 대상으로 하는 이론을 확립한 다음에 가속도가 있는 경우로 일반화했다. 이처럼 이론의 발전을 보여주는 것으로 뉴턴의 제1법칙과 제2법칙을 평가할 수 있다.

　뉴턴의 제2법칙이 사용될 때는 주로 물체의 질량과 추진력의 값이 주어진다. 따라서 제2법칙의 식은 가속도를 미지수로 하는 '방정식'으로 볼 수 있기 때문에 **운동 방정식**이라고 부른다. 질량과 추진력만으로 운동 방정식의 해인 가속도를 구할 수 있다는 것은 물체가 놓인 환경의 차이는 전혀 묻지 않는다는 것을 의미한다. 질량이 큰 물체는 움직이기 힘든데, 이것은 수중에서든 진공에서든, 지상의 물체를 낙하시키는 **중력**이 있든 없든 변하지 않는 사실이다.

　운동 방정식의 '해'인 가속도를 구한 다음, 그것을 시간 변화에 따라 계속 더해나가면 물체의 속도와 위치도 계산할 수 있다. 뉴턴의 진정한 발견은 운동 방정식 자체라기보다는 '운동을 방정식의 형태로 나타내면 정확하게 기술하고 재현할 수 있다'라는 점이다. 바꿔 말하면 인간의 지성이 '운동의 법칙'이라는 지평에 발을 내딛은 것을 상징하는 기념비적인 법칙인 것이다.

# 뉴턴의 제3법칙

뉴턴의 제3법칙은 **작용과 반작용의 법칙**이다.

> **뉴턴의 제3법칙**  모든 작용에는 항상 방향이 반대이고 크기가 같은 반작용이 있다. 바꿔 말하면 두 개의 물체 사이에는 항상 크기가 같고 방향이 반대인 힘이 작용한다.[29]

언뜻 평범해 보이는 이 법칙은 뉴턴의 진가를 보여주는 법칙이자 만유인력의 법칙으로 가는 포석으로서 중요한 역할을 한다. 물리학의 역사에서는 뉴턴의 세 가지 법칙 가운데 제3법칙만이 그대로 계승된다.

**작용**action과 **반작용**reaction은 하나의 물체가 아닌 두 개의 서로 다른 물체 사이에서 작용한다는 점에 주의하자. 예를 들어 벽을 세게 치면 크기는 같고 방향은 반대인 힘이 되돌아온다. '호박에 침주기'라는 속담을 물리학적으로 설명하자면 작용이 작은 만큼 반작용도 작아서 효과가 없는 상태이다.

용수철로 연결된 두 개의 공을 양쪽에서 민 상태로 손을 떼면 외력은 사라지고, 두 개의 공이 서로 반발하는 내력만으로 운동이 발생한다. 한쪽 공이 내력으로 다른 공을 미는 것이 작용이고, 반대로 다른 공으로부터 밀리는 힘이 반작용이다. 제2법칙에 따라 내력이 작용하는 동안에는 각 공의 운동량이 변하고 가속한다. 우주를 유영하는 두 명의 우주비행사, 예를 들어 우주 형제가 있다고 해보자. 한 사람이 다른 한 사람을 밀었을 때도 이와 똑같은 일이 일어난다(그림 4-8). 우주에서의 싸움은 무척 위험하다.

작용과 반작용은 크기가 정확히 같고 방향이 반대이므로 내력의 합은 0이다. 내력으로 발생한 운동량의 합 또한 0이며, 이

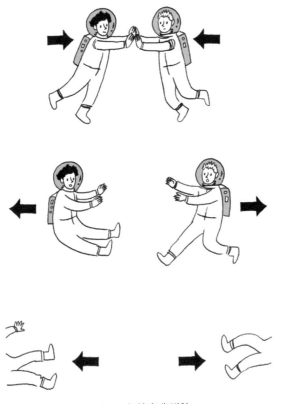

**그림 4-8** 뉴턴의 제3법칙

것은 두 물체의 질량이 차이가 나더라도 성립한다. 즉 내력만이 작용하는 상태에서는 두 물체의 운동량을 합한 **총 운동량**이 보존된다(시간에 따라 변하지 않는다)는 것이 제3법칙에 의해 보장된다. 이것은 제2법칙만으로는 알 수 없었던 사실이다.

뉴턴의 제3법칙은 '충돌시의 운동량은 보존된다'라고 했던 데카르트의 제3법칙을 일반 운동으로 확장한 것이다. 한편 뉴턴의 세 법칙이 각각 데카르트의 세 법칙과 대응한다는 것은 우연이라고는 보기 힘든 일치이다. 뉴턴이 데카르트의 저서, 그중에서도 《철학원리》의 애독자였다는 점에서 데카르트를 의식했음을 짐작할 수 있다.[30]

## 힘의 평형

다시 정리하면 작용과 반작용은 두 물체에 '각각' 작용하는 힘의 관계이다. 그림 4-9의 윗부분처럼 A가 B를 당기는 힘이 작용이라면 B가 A를 당기는 힘은 반작용이다.

작용과 반작용 원리와 비슷하지만 다른 관계로는 **힘의 평형**이 있다. 힘의 평형은 하나의 물체에 두 가지 이상의 힘이 작용할 때 나타나는 힘의 관계이다. 그림 4-9의 아랫부분처럼 양쪽에서 같은 크기의 힘으로 하나의 공을 당기면 두 개의 힘이 평형을 이루므로 공은 정지한다.

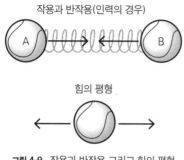

작용과 반작용(인력의 경우)

힘의 평형

**그림 4-9** 작용과 반작용 그리고 힘의 평형

다른 예를 생각해보자. 사람이 손수레 위에 서서 핸들을 밀 때 손수레가 움직이지 않는 이유는 사람과 손수레 사이의 내력의 합이 0이 되기 때문이 아니다. 밟고 선 다리가 핸들과 반대 방향으로 손수레를 밀어 손수레에 작용하는 힘이 평형을 이루기 때문이다. 만약 위로 점프하면서 핸들을 밀면 우주를 유영하는 우주비행사처럼 손수레는 앞으로 움직이고 몸은 반동 때문에 뒤로 움직일 것이다.

이번에는 공이 받침대에 놓인 경우를 생각해보자(그림 4-10). 여기에는 다음의 세 가지 힘이 관련된다.

① 공에 작용하는 중력 — 아래 방향
② 공이 받침대를 누르는 힘 — 아래 방향
③ 받침대가 공을 떠받치는 힘 — 위 방향

②와 ③에서는 물체가 서로 접촉해 압력을 가하기 때문에 **근접 작용**이라고 한다. 특히 ③은 면과 수직으로 물체

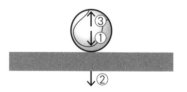

**그림 4-10** 공과 받침대에 작용하는 힘

를 떠받치는 힘이기 때문에 **수직 항력**이라고 한다.

여기서 받침대가 공의 무게를 그대로 받아들이면 ①과 ②는 크기가 같다. 또 ②와 ③은 작용과 반작용의 관계에 있으므로 ②와 ③의 크기는 같다. 따라서 ①과 ③의 합이 0이 되어 공에 작용하는 힘이 평형을 이루니 공은 받침대에서 정지한다. 이것이 운동 없는 상태를 다루는 **정역학**의 기본 사고법이다.


## 질량과 중량

앞서 질량과 중량 사이에는 비례 관계가 성립한다고 했다. 물체의 질량(관성 질량)은 정의 1에 따르면 '물체의 밀도와 부피의 곱'이며, 다음의 법칙 ①(뉴턴의 제2법칙)로 표현된다.


**법칙** ① : 질량(관성 질량) × 가속도 = 추진력


한편 물체의 중량이란 물체가 받는 중력이며 다음의 법칙 ②로 표현된다.


**법칙** ② : 중력(중량) = 중력 질량 × 중력 가속도


여기서 말하는 **중력 가속도** $g$ 는 중력이 작용할 때 물체의 가속

도로, $g$의 값은 중력을 발생시키는 물체가 결정한다. **중력 질량** gravitational mass은 중력과 중력 가속도의 비이다. 법칙 ②는 이번 장 끝에서 설명할 만유인력의 법칙에 근거한다.

한편 중력 가속도 $g$의 '실측값'은 약 $9.8m/s^2$인데, 지구의 자전으로 인한 원심력 때문에 만유인력만 작용했을 때의 값보다 약간 작다. 원심력의 크기는 지축과의 거리에 비례하고 지구는 적도 부근이 가장 팽창됐으므로, 지상에서 $g$의 실측값은 적도 부근의 산꼭대기에서 가장 작다.

일상적으로 사용하는 단어인 '무게'는 물건을 들었을 때의 느낌(중량감)으로 중량과 같다. 무게는 용수철저울로 잴 수 있지만 중력 가속도가 다른 곳에서 재면 당연히 값은 변한다(중력 가속도가 지구의 6분의 1정도밖에 안 되는 달에서 몸무게를 재고 헛된 기쁨을 느끼지 말라). '무중력' 상태에서는 중력 가속도가 0이기 때문에 중력 질량을 알 수 없지만, 물체를 움직여 추진력과 가속도의 값을 측정하면 관성 질량을 구할 수 있다(법칙 ①).

추진력이나 중력의 단위는 N(뉴턴)이고, 질량의 단위에 가속도의 단위를 곱한 $kg \cdot m/s^2$과 같다. 무게의 단위 또한 N이 표준이다.

# 관성 질량과 중력 질량의 관계

**물리량**은 물체나 입자의 물리적인 상태(운동량 등)나 성질(질량 등)을 나타내는 양이다. 물리량은 기본적인 '단위'로 측정할 수 있는 값을 가지지만, 단위가 같다고 해서 같은 물리량이라고 할 수는 없다.

고등학교에서 배우는 초급 수준의 물리학에서는 관성 질량과 중력 질량을 암묵적으로 같은 물리량으로 이해한다. 그러나 안이한 가정을 멀리하고 물리량 하나하나의 의미를 곱씹으며 이해하려고 노력해야 뉴턴에서 아인슈타인으로 이어지는 사고의 발전 과정을 제대로 되짚어볼 수 있다.

먼저 앞서 말한 법칙 ①과 법칙 ②를 비교해보자. 중력이 추진력이 될 때 다음의 관계가 성립한다.

관성 질량 × 가속도 = 중력 질량 × 중력 가속도

다만 이 관계에서 왜 서로 대응하는 물리량이 동일한지, 즉 '관성 질량 = 중력 질량'과 '가속도 = 중력 가속도'가 왜 성립하는지는 뉴턴 역학으로 증명할 수 없다. 물질마다 관성 질량과 중력 질량의 비가 일정한지 어떤지가 불분명하기 때문에 중력으로 발생하는 가속도를 측정했을 때 일정한 값(중력 가속도의 정수배)을 얻을 수 있다는 보장이 없다.

이를 중요한 문제로 인식한 뉴턴은 '진자를 이용한 매우 정밀한 실험'으로 문제를 해결하고자 했다(앞서 인용한 '정의 1'을 떠올려 보자). 질량(관성 질량)이 중량에 비례한다는 실험 결과는 법칙 ①과 법칙②로부터 얻어지는 관계인 '관성 질량 × 가속도 = 중력(중량)'에서 가속도가 물체에 상관없이 일정하다는 것을 뒷받침한다.

원심력은 관성력이기 때문에(7장 참고) 관성 질량에 근거한다. 또 중력은 중력 질량에 따른다. 따라서 관성 질량과 중력 질량의 비가 물질에 따라 다르면, 그 비의 차이를 원심력과 중력을 더했을 때의 차이로 검출할 수 있을 것이다. 그러나 이 예상과 달리, 외트뵈시 로란드(Eötvös Loránd, 1848~1919) 등은 매우 정밀한 실험(초기 실험은 1885년 무렵)으로 관성 질량과 중력 질량의 비가 일정하다는 것을 밝혀냈다.

하지만 아무리 정밀한 실험을 해냈더라도 '관성 질량 = 중력 질량'에는 이론적인 필연성이 결여됐다는 점은 변함없다. 뉴턴이나 외트뵈시가 얻은 경험칙을 이론적으로 뒷받침하기 위해서는 아인슈타인의 등장을 기다려야만 했다(7장 참고). 아인슈타인은 이러한 본질적인 문제에 정면으로 맞섰기 때문에 '중력파'까지 예측할 수 있었다.

# 케플러의 법칙 음미하기

뉴턴의 《자연철학의 수학적 원리》로 돌아가서 세 법칙 앞에 펼쳐진 세계에 발을 디뎌보자.

1권의 첫 명제는 "궤도 위를 운동하는 물체가 힘의 부동 중심점과 이어진 동경으로 쓸고 지나가는 면적은 부동의 평면 내에 있으며 시간에 비례한다"[31]이다. 이것은 이 책 3장에서 설명한 케플러의 제2법칙이다.

더 읽다 보면 다음과 같은 명제가 나온다. "어떤 물체가 타원 위를 회전할 때, 타원의 초점을 향하는 구심력의 법칙을 찾아낼 필요가 있다."[32] 이것은 케플러의 제1법칙이며, 구심력이 타원의 초점으로부터의 거리의 제곱에 반비례한다는 법칙이 기하학적으로 도출된다.

그다음에는 케플러의 제3법칙이 나타난다. "타원 주기의 제곱은 긴반지름의 세제곱에 비례한다."[33]

뉴턴은 이 명제들만큼은 케플러가 발견했다는 것을 3권의 시작에서 분명히 밝힌다.[34] 뉴턴이 케플러라는 '거인의 어깨 위에 올라섰던 것'은 분명하다.

# 자연철학 연구를 위한 규칙

《자연철학의 수학적 원리》 3권 첫머리에는 다음과 같은 '자연철학 연구를 위한 규칙'이 등장한다.

> **규칙 1** 자연현상은 그 현상을 제대로 그리고 충분히 설명하는 원인이 있다면, 그 이상의 원인을 인정하지 않아야 한다.[35]
>
> **규칙 2** 따라서 같은 종류의 자연스러운 결과에는 되도록 같은 원인이 부여돼야 한다.[36]

이는 이론을 최대한 단순화하고 일시적인 가정이나 설명은 최대한 피하자는 것이다. 이와 같은 '지도 규칙'은 과학 전반의 '지도 원리'로 부를 만한 기본적인 사고법으로써, 이론을 단순화하는 데 큰 역할을 했다.

규칙 3은 물체의 성질에 관한 것이므로 여기서는 생략하고 규칙 4를 살펴보자.

> **규칙 4** 실험 철학에서는 현상으로부터 귀납적으로 도출된 명제는 그와 반대되는 가설이 있더라도, 다른 현상이 그 명제를 더욱 정확히 설명하거나 문제를 제기하기 전까지는 엄밀히 혹은 거의 옳다고 생각해야 한다.[37]

규칙 4는 불필요한 가설을 강력히 배제하고 명제가 가진 합리성을 근거로 앞으로 나아가야 한다고 말한다. 뉴턴은 "귀납에 근거한 논증이 가설 때문에 파기되지 않도록 이 규칙을 따라야 한다"라고 덧붙였다.[38]

## 뉴턴의 깨달음

이어서 뉴턴이 중력의 보편성을 깨닫게 된 과정을 되짚어보자. 뉴턴이 말년인 1726년에 사과나무 밑에서 했던 이야기가 중요한 힌트다.

> 중력을 생각하게 된 것은 딱 지금 같은 상황이었다. 왜 사과는 항상 지면에 수직으로 떨어질까? 자문자답하며 명상하는 기분으로 앉아 있는데 갑자기 사과가 떨어졌다. 사과는 왜 옆이나 위가 아니라 항상 지구의 중심으로 떨어질까? 그 이유는 분명 지구가 사과를 잡아당기기 때문이다. 물질에는 인력이 존재하고, 지구의 물질에 가해지는 인력의 총합은 옆이 아니라 지구의 중심을 향해야 한다. 그래서 사과는 수직으로, 즉 지구의 중심을 향해 떨어지는 것이다. 만약 이 이유 때문에 물질이 물질을 잡아당기는 것이라면 이것[인력]은 물질의 질량에 비례해야 한다. 따라서 지구가 사과를 잡아당기는 것과 마찬가지로

사과도 지구를 잡아당기게 된다. 여기에 우리가 중력이라고 부르는 힘이 있고, 중력은 온 우주에 퍼져 있다.[39]

뉴턴은 사과가 지면에 떨어지는 일상적인 현상을 관찰해 지구가 사과를 잡아당긴다는 것을 깨달았다. 여기에 뉴턴의 제3법칙을 적용하면 '인력'의 반작용으로 사과가 지구를 잡아당긴다는 놀라운 결과를 얻을 수 있다. 같은 결과에는 같은 원인이 부여돼야 한다고 했던 '규칙 2'에 따르면 중력의 반작용 또한 중력이라고 불러야 하는 것이다.

사과가 지구를 잡아당긴다면 달도 지구를 잡아당기고, 지구도 태양을 잡아당길 것이다. 그리고 그 힘은 전부 중력이라고 불러야 한다. 즉 중력은 온 우주에 보편적인 것이다. 이것이 바로 '만유인력'이라는 생각법이다.

## 뉴턴의 사고실험

뉴턴은 특유의 사고실험을 거쳐 중력이 원 궤도를 만들어낸다는 사실을 확신했을 것이다. 1687년에 출판된 다른 책에는 다음과 같은 그림이 실렸다.

그림 4-11에서 A~F는 지표, C는 지구의 중심이다. 공기의 존재는 무시한다. 높은 산꼭대기 V에서 돌을 수평으로 던지면 중

력 때문에 산기슭 D에 떨어진다. 더 강한 힘으로 던지면 그보다 먼 지점 E나 더 먼 지점 F에 떨어질 것이다.

이들의 차이는 돌을 던질 때의 초속初速에 있다. 초속이 빠르면 돌은 지구의 아랫면 G에 도달할 것이다. 그렇다면 초속이 매우 빠른 돌은 지상에 떨어지지 않고 한 바퀴를 돌아 산꼭대기로 돌아오지 않을까?

이것이 뉴턴의 사고실험 과정이다. 돌과 마찬가지로 달도 지구의 중력 때문에 당겨지면서 원 궤도를 돈다. 사과에서 달로 이어지는 사고의 확장은 지상에서 천상으로의 확장이기도 했다. 천체 또한 지구의 물체와 마찬가지로, 완전히 동일한 중력의 지배를 받는다고 생각했던 것이다.

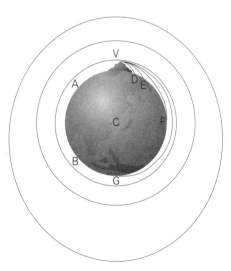

그림 4-11 뉴턴의 사고실험[40]

## 보편 법칙으로서 중력

이와 같이 뉴턴의 사고는 단계적이고 치밀하게 쌓아 올려졌다. 지금부터는 중력의 법칙에 대해 논의해보자.

주요 행성이 직선 운동에서 벗어나 각자의 궤도를 유지하는 힘은 태양을 향하며, 태양의 중심으로부터의 거리의 제곱에 반비례한다.[41]

행성과 태양에 관한 이 명제를 이번에는 달과 지구에 적용한다.

달이 자신의 궤도를 유지하는 힘은 지구를 향하며, 지구의 중심으로부터의 거리의 제곱에 반비례한다.[42]

그리고 마침내 **만유인력의 법칙**에 도달한다.

중력은 모든 물체에 보편적으로 존재하며, 각 물질의 질량에 비례한다.[43]

이 증명의 일부를 살펴보자.

임의의 행성 B는 임의의 행성 A의 모든 부분을 잡아당기고

(⋯⋯) 모든 작용에는(운동의 제3법칙에 따라) 같은 크기의 반작용이 있기 때문에, 이번에는 행성 A가 행성 B의 모든 부분을 잡아당긴다. 임의의 한 부분에 작용하는 중력과 행성 전체에 작용하는 중력의 비는 부분과 전체 물질의 비와 같다.[44]

만유인력의 법칙은 질량을 가진 모든 물체에 적용된다는 의미에서 '보편 법칙'이다. 그렇다면 질량이 없는 빛에 대해서는 중력의 효과가 없는 것일까? 빛에도 중력이 작용한다는 사실은 8장에서 증명할 것이다.

만물에 중력이 작용한다는 생각은 장자(莊子, 기원전 365?~기원전 270?)의 '만물은 모두 하나'라는 "만물제동萬物齊同"[45] 사고법과 문과·이과나 동서양은 물론 시대를 뛰어넘어 발견된다.


## 나는 가설을 만들지 않는다

《자연철학의 수학적 원리》의 마지막 페이지는 이른바 "나는 가설을 만들지 않는다"라는 유명한 말로 마무리된다. 그 앞뒤를 번역해보았다.

나는 아직 중력에 원인을 부여하지 않았다. (⋯⋯) 나는 지금까지 현상으로부터 중력의 성질에 대한 이유를 추론할 수 없었다. 하지만 나는 가설을 만들지 않는다. 현상으로부터 추론할 수 없는 것은 무엇이든 가설이라고 불러야 하기 때문이다. 또한 실험 철학에서는 가설이 형이상적인 것이든, 물리적인 것이든, 초자연적인 성질에 근거한 것이든, 기계적인 것이든 의미가 없다. 실험 철학에서는 명제가 현상으로부터 추론되고 귀납에 의해 일반화된다. 물체의 불가입성[어떤 물체 안에 다른 물체가 들어가지 못하는 것]과 부동성 그리고 운동력[저항을 거슬러 움직이려고 하는 힘]이나 운동의 제반 법칙과 중력의 법칙은 이 방법으로 발견된 것이다. 그리고 중력이 정말로 존재하고 지금까지 밝혀낸 법칙에 따라 작용하는 것만으로도 충분하며, 중력은 천체의 모든 운동이나 바다의 운동을 설명하는 데 충분하다.[46]

여기서 뉴턴의 진의는 중력이 눈에 보이지 않는 근접 작용이라는 가설을 견제하면서도, 왜 멀리 떨어진 물체에 중력이 **원격 작용**을 하는지 그 의문을 봉인하는 것이었으리라. 이미 살펴봤듯이 뉴턴은 질량이나 힘 같은 기초 개념에 대해서도 전혀 가설을 세우지 않았다. 케플러나 데카르트가 신비적인 논리를 거침없이 내세웠던 것에 비해 뉴턴의 금욕적인 태도는 대조적이다.

　무엇보다 '중력이 정말로 존재한다'고 어떻게 단언할까? 예전에 일본 NHK 종합 텔레비전에서 방영한 〈폭소 문제의 일본 교양·교토대학 스페셜〉이라는 프로그램에서 한 방송인이 교수에게 "금성이 의지를 가지고 운동한다고는 절대 볼 수 없을까요?"라고 질문을 했는데 유감스럽게도 대답은 돌아오지 않았다. 과학에는 "쓸모없는 질문은 없다There is no stupid question"라는 대원칙이 존재한다. 나는 방송을 보며 '어떠한 질문에 대해서든 제대로 알기 쉽게 대답해야 한다'라고 생각했다.

17세기에 근대 과학이 탄생하기 전까지 오랜 세월 동안 '물체가 운동하는 것은 자신에게 알맞은 장소를 찾는 것이다'라는 식의 '설명'이 이루어졌다. 현대에도 과학을 배우지 않는다면 이처럼 감각적인 세계에서만 살아가게 될 것이다. 어떤 의미에서 이것은 무서운 일이다.

만약 행성이 의지를 가지고 진공 속을 운동한다면 그 행성에는 물질을 분출해 추진력을 만들어내는 기구가 있다고 가정해야 한다. 하지만 행성 가까이에 탐사기를 보내봐도 분사를 뒷받침할 만한 흔적은 찾아볼 수 없다.

한편 중력에 대한 한 설명에 따르면 행성은 태양을 향해 끊임없이 떨어질 뿐이다. 케플러 또한 "행성을 움직이는 힘은 태양 본체에 있다"(《신천문학》 제33장의 제목)라고까지 말했다. 불필요한 가설을 최대한 배제하고 '자연철학 연구를 위한 규칙'을 철저히 엄수하는 것이 근대 과학의 생각법이다.

현대 과학에서 '정말로 존재한다'라고 주장하는 것은 과학적이지 않다. 자연현상 등으로 실증하거나 반증이 가능한 '명제'야말로 과학적인 것이다.

# 갈릴레오에서
# 아인슈타인으로

5장에서는 일정한 운동(등가속도 운동)의 상대성에 대해 생각해본
다. 역학은 16세기 말에 갈릴레오의 실험과 추론에서 시작됐는
데, 19세기에 확립된 전자기학과 모순되는 결과를 낳고 말았다.
20세기 초에 아인슈타인의 상대성이론이 등장하면서 비로소 그
모순이 해결되고, 4장에서 소개한 뉴턴의 시간과 공간에 대한
사고법이 근본적으로 바뀌게 됐다.

　　**상대성이론**(줄여서 **상대론**이라고 한다)에는 '특수상대성이론'과 '일
반상대성이론'이 있다. 전자는 기본적으로 관성계만을 다룬다는
의미에서 '특수'하고, 후자는 가속도를 가지는 '일반' 좌표계(비관
성계)를 포함한 것이다. 5장에서는 특수상대성이론을, 8장에서는
일반상대성이론을 설명한다.

# 근대 과학의 창시자, 갈릴레오 갈릴레이

갈릴레오는 열아홉 살 무렵, 피사대성당의 샹들리에가 바람에 흔들리는 모습을 보고 **진자의 등시성**을 발견했다. 이것은 진자가 흔들리는 폭이 변해도 진자가 왕복하는 데 걸리는 시간(주기)은 같다는 법칙이다. 진자의 주기는 끈의 길이와는 관계가 있지만 추의 무게와는 관계가 없다는 것도 알아냈다.

또 갈릴레오는 물체가 낙하하는 시간은 중량과 관계가 없다는 **낙하의 법칙**도 발견했다. 중력만으로 낙하하는 것을 **자유 낙하**라고 한다. 다만 피사의 사탑에서 물체를 떨어뜨리는 실험을 했다는 이야기는 후세에 만들어진 것이다. 경사면을 활용해 물체를 굴렸다는 유명한 실험도 유감스럽지만 실제 장치나 기록이 없다.

중량이 다른 두 개의 무거운 물체를 떨어뜨리면 동시에 지면에 닿는다는 실험은 경사면 실험보다 앞

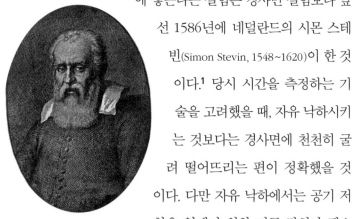

**그림 5-1** 갈릴레오

선 1586년에 네덜란드의 시몬 스테빈(Simon Stevin, 1548~1620)이 한 것이다.[1] 당시 시간을 측정하는 기술을 고려했을 때, 자유 낙하시키는 것보다는 경사면에 천천히 굴려 떨어뜨리는 편이 정확했을 것이다. 다만 자유 낙하에서는 공기 저항을 없애기 위한 진공 장치가 필요

하고, 경사면에서는 증가하는 속도로 인해 마찰력의 크기가 변하기 때문에 실험이 쉽지는 않았으리라 예상된다.

갈릴레오는 그가 지지했던 지동설을 탄핵하는 재판에서 "그래도 지구는 돈다"라는 말을 남긴 것으로 유명한데, 실제로는 "그래도 그것은 돈다!Eppur si muove!"라고 했다고 전한다. 전후의 문맥을 알 수 없기 때문에 재판에 지쳐 현기증이 났을 뿐이라는 설도 있다. 어쩌면 나쓰메 소세키의 《그 후》(1909)에 등장하는 주인공 다이스케의 마지막 독백인 "아, 돈다. 세상이 돈다"와 비슷한 정신 상태였을지도 모른다.


## 《천문대화》라는 가상의 회담

갈릴레오는 1632년에 《두 우주 체계에 대한 대화》[2](이하 《천문대화》)라는 계몽서를 이탈리아어로 출판했다. '두 우주 체계'는 지동설과 천동설을 가리킨다. 이 책은 지동설파의 살비아티, 천동설파의 심플리치오, 양식 있는 제3자 사그레도가 회담을 나누는 방식으로, 일반 독자들이 이해하기 쉽게 구성됐다. 갈릴레오는 살비아티의 '친구'로 등장한다. 《천문대화》에 나오는 운동과 정지에 관한 대목을 살펴보자.

**심플리치오**  아주 적절한 실험이 있습니다. 바로 돛대 꼭대기에서 돌을 떨어뜨리는 것입니다. 배가 가만히 떠 있으면 돌은 돛대 바로 밑으로 떨어집니다. 하지만 배가 전진하면 돌이 떨어지는 시간 동안 배가 전진한 만큼, 돌은 원래 지점에서 벗어난 곳에 떨어집니다.[3]

돌이 떨어지기 시작할 때, 바다(물)에 대해 정지하고 있다면(즉 배의 움직임으로부터 독립적이고 수평 방향으로 움직이지 않는다면), 심플리치오의 예상대로 배의 운동 때문에 낙하점이 변할까? 예를 들면 하늘에서 우박이 떨어지는 경우가 이에 해당한다.

그렇다면 떨어지기 전의 돌(그림에서는 사과)이 항해 중인 배의 돛대에 고정되었다가 떨어진다면 어떻게 될까?(그림 5-2 맨 위)

일정한 속도 $v$로 움직이고 있는 배의 돛대 위에서 돌이 떨어진다고 생각해보자(단, 돌의 낙하는 공기 저항의 영향을 받지 않는 것으로 한다). 바다 위에서 봤을 때 돌은 떨어지기 시작한 후에도 수평 방향으로, 배와 같은 속도 $v$로 운동한다. 즉 돌은 돛대를 따라 배의 운동 방향으로 이동할 것이다(그림 5-2 중간). 또한 돌은 중력에 이끌려 연직 방향으로 가속된다. 따라서 바다 위에서 돌만 바라보면 배의 진행 방향으로 포물선을 그리며 떨어지지만, 배와 함께 보면 돌과 돛대의 수평 방향 위치 관계는 변하지 않는다.

갈릴레오의 생각을 대변하는 살비아티는 다음과 같이 단언한다.

**살비아티**  돌은 배가 가만히 있든 빠른 속도로 움직이든, 항상 같은 자리에 떨어진다는 사실이 드러날 것입니다.[4]

심플리치오는 실제로 실험을 하지 않고 선인의 설을 끌어다 쓴 나머지, 지나치게 사변적이었던 선인들(아리스토텔레스파)과 같은 실수를 한 것이다.

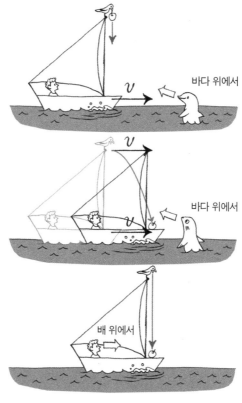

**그림 5-2**  운동과 정지

163

그렇다면 항해 중인 배 위에서는 돌이 어떻게 낙하하는 것처럼 보일까?(그림 5-2 아래) 이 경우 돌과 배 모두 수평 방향으로는 움직이지 않고, 돌은 돛대를 따라 똑바로 떨어지는 것처럼 보인다. 배가 운동하고 있든 정지하고 있든, 일정한 속도로 움직이는 운동이라면 항상 이와 같은 결과가 얻어진다.

다만 배가 가속하는 경우에는 결과가 변한다. 돌이 떨어지기 시작할 때 배도 움직이기 시작하여 속도가 0에서부터 일정한 비율로 증가한다면 돌은 어떤 궤도를 그릴까? 바다 위와 배 위에서의 경우를 각각 생각해보자(💡, 답은 7장 참고).

살비아티는 계속해서 말을 이었다.

> **살비아티** 따라서 지면에서도 배와 같은 원리가 작용한다면 돌이 항상 탑의 바로 밑에 떨어지는 현상으로부터는 지면의 운동이나 정지에 대해서 어떤 것도 추론할 수 없습니다.[5]

여기서 '탑'은 피사의 사탑일까? 배의 운동을 지면의 운동에 적용해 돛대 대신 탑에서 돌을 떨어뜨린다고 생각해보면 돌은 바로 밑으로 떨어질 뿐이다. 돌이 바로 밑으로 떨어진다는 사실을 근거로 "지면이 정지해 있다"라고 주장한 아리스토텔레스파의 생각은 옳지 않았다. 이와 같은 방법으로 갈릴레오는 일정한 운동의 유무에 관계없이 낙하 법칙이 똑같이 성립한다는 것을 옳게 지적했다.

다만 갈릴레오는 4장에서 설명한 원 관성 가설에 머무른 채 '관성계'라는 개념에는 도달하지 못했다. 또한 지구의 지면은 자전하기 때문에 관성계가 아니다. 실제로 지구가 자전함으로써 지상의 물체(지면에서 정지한 물체와 운동하는 물체 모두)에 원심력이라는 관성력이 작용한다(4장 참고).

## 지구의 자전 입증하기

지구가 자전함으로써 지면에서 운동하는 물체에는 **코리올리의 힘**이라는 관성력이 작용한다. 코리올리의 힘은 운동 방향과 직각으로 작용하는데 북반구에서는 오른쪽 방향으로, 남반구에서는 왼쪽 방향으로 작용한다. 예를 들어 북반구에서 발생한 태풍은 저기압 중심을 향해 바깥쪽에서 강한 바람이 불어 들어갈 때 코리올리의 힘 때문에 바람이 오른쪽으로 쏠린다(그림 5-3). '태풍의 눈'을 중심으로 하는 원주의 각 점에서 중심을 향해 오른쪽 방향의 성분을 이어가면, 태풍은 위에서 볼 때 반시계 방향의 소용돌이를 이룬다는 것을 알 수 있다(💡).

**레옹 푸코**(Léon Foucault, 1819~1868)는 지구의 자전으로 발생하는 코리올리의 힘이 진자의 운동에 영향을 줄 것이라는 생각을 처음으로 한 사람이다. 그래서 1851년에 파리의 판테온에서 다음과 같은 공개 실험을 실시했다(그림 5-4). 통풍구가 높은 천장

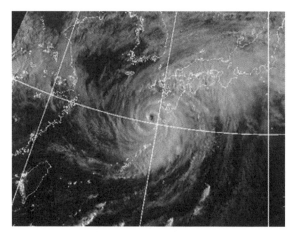

**그림 5-3** 일본에 상륙한 태풍[6]

에 거대한 진자를 매달아 흔들면 시간이 지남에 따라 진동 방향
(왕복 운동의 방위)이 천천히 회전한다(예를 들어 남북 방향에서 남남서-
북북동 방향으로 이동). 이 변화는 일정한 속도를 유지하며 한 방향
으로만 일어나기 때문에 끈이 꼬여 발생하는 것이 아니다.

　이 운동의 변화가 어떻게 발생하는지를 생각해보자. 코리올리
의 힘은 물체의 속도에 비례한다. 진자의 속도가 최대로 높아지
는 중심 부근에서는 운동 방향의 오른쪽으로 코리올리의 힘이
더 크게 작용하기 때문에 진동 방향은 위에서 볼 때 항상 시계
방향으로 돌아가게 된다. 코리올리의 힘은 운동 방향에 대해 항
상 수직으로 작용하기 때문에 속도에는 관여하지 않고(6장 참고)
운동의 방향만을 변화시킨다. 이 변화의 방향은 지구의 자전(북
극에서 볼 때 반시계 방향)과 반대 방향이다.

**그림 5-4** 푸코의 공개 실험[7]

이제 관점을 바꿔보자. 진자의 진동 방향은 우주에서는 항상 변하지 않지만, 지구가 자전하기 때문에 지상에서는 지구와 반대 방향으로 회전하는 것처럼 보인다고 생각해도 된다. 분명히 진자의 진동 방향은 지축 위의 북극점과 남극점에서 하루에 한 바퀴를 돈다. 그보다 낮은 위도에서 진자를 관찰하면 하루보다 더 긴 시간에 걸쳐 한 바퀴를 돌고, 적도에서는 전혀 변하지 않는다.

이로써 움직이지 않는 '부동의 대지'인 지구가 자전한다는 것이 분명한 사실로 드러났다. 별의 일주 운동을 '상대 운동'으로 간주하면 천체가 회전하는 것인지 지구가 도는 것인지 알 수 없기 때문에 지동설이든 천동설이든 아무 상관이 없어진다. '모든 것은 상대적이다'라는 식의 표면적 이해가 아니라 회전 운동이 발생하는 원인을 최대한 자연스럽고 단순하게 생각하자. 다만 관성력으로 인한 상대 운동을 '절대 운동'과 구별할 때는 더욱 깊은 문제가 존재하므로 7장에서 다시 논의하기로 한다.

'푸코의 진자'는 전국 각지의 과학관 등에 전시되어 있다. 직접 보면서 지구의 운동을 생각해보는 것도 특별한 즐거움일 것이다.


## '상대성'이란?

일반적인 의미에서 '상대적relative'라고 하면 다른 것과의 비교를 뜻하지만, 지금 설명하는 **상대성**relativity은 쉽게 말해 '피차일반'이라는 의미이다. 또 **상대론적**relativistic이라는 용어는 '상대성이론을 따른다'는 의미로 사용된다.

아인슈타인이 다이쇼 시대에 가이조샤라는 출판사의 초대를 받아 일본을 방문했을 때 일반인들에게도 상대론 책이 인기였다. 다만 상대성을 남녀의 '상성'이나 '상대'로 오해한 사람이 많았다고 한다.

상대성을 이해하기 위해 두 개의 관성계(관성의 법칙이 성립하는 좌표계) A와 B를 생각해보자. 돛대에서 돌을 떨어뜨리는 실험으로 설명하자면 바다 위에 있는 사람이 A, 배에 있는 사람이 B이다. 동일한 현상에 대해서, 한쪽 관성계에서 다른 쪽의 관성계로 시점을 바꾸는 것을 **변환**이라고 한다. A와 B가 각각 돌이 배의 어느 위치에 떨어지는지를 관측한다고 생각할 때, 관측자 A와 B에서 완전히 같은 결과가 얻어지기 때문에 양자는 '피차일반'이라고 할 수 있다.

앞서 설명했듯이 낙하의 법칙은 관성계 A와 B에서 같게 관측된다(바다 위에서 봐도 배 위에서 봐도 돌은 돛대 바로 밑으로 떨어진다). 일반적으로 A와 B에서 관측한 결과가 완전히 같으면 A에서 B로의 변환 그리고 B에서 A로의 역변환에 대해서 **불변**이라고 한다. 또 어떤 법칙이 관성계 사이에서 변환하든 불변하든, 식은 관측자가 변해도 완전히 같은 형태로 표현된다. 이것이 상대성의 첫 번째 의미이다.

또한 A와 B에서 관측한 결과가 다르더라도 그 '차이'가 A에서 B로의 변환과 B에서 A로의 역변환에 대해서 동등하다면 '상대론적'이라고 생각해도 된다. 이것이 상대성의 두 번째 의미이다.

예를 들어 두 명의 만담꾼 A와 B가 있다. 둘 가운데 한 사람이 상대방보다 키가 크다면 이것은 어느 쪽에서 봐도 변하지 않는 사실이다. 동시에 일상적인 의미에서 '상대적'인 사실이다. 하지만 만약 A가 B를 봐도, B가 A를 봐도 상대방보다 자신이 키가 큰 것처럼 보인다면 그 '차이'는 동등하므로 '상대론적'인 것이 된다. 이 장의 후반에서 설명하겠지만 관성계 사이에서는 길이가 '서로' 수축되어 보인다.

4장에서 절대적인 시간과 공간에 관해 설명했듯이 '절대'는 '상대'에 대응하는 단어이다. 나쓰메 소세키의 《행인》(1912)에는 다음과 같은 대목이 나온다.

> 먼저 절대를 의식한 다음 그 절대가 상대로 변하는 찰나를 포착해 그때 둘의 통일을 찾아내는 것은 매우 어려운 일일 것이다. 애당초 인간이 할 수 있는 일인지조차 분명치 않다.[8]

상대성은 매사를 상대방의 입장에서 생각하는 상상력을 필요로 한다. 국가의 수준에서는 물론 개인 간에도 독선적인 주장이 활개를 치는 시대에서, 상대성은 인간이 살아가기 위한 지혜이기도 하다.


## 갈릴레이-뉴턴의 상대성원리

지금까지 설명한 관성계의 성질을 정리하면 다음과 같다.

> 3차원 공간의 관성계는 전부 동등하며, 운동의 법칙은 관성계 간의 변환에 대해서 불변이다.

이것을 **갈릴레이-뉴턴의 상대성원리**라고 하고, 뉴턴이 발견한 운동의 법칙은 이 원리에 따른다고 본다. 갈릴레오는 관성계를 제대로 인식하지 못했고 이 원리를 제안한 것도 아니지만 **고전 역학**

(19세기까지의 역학)을 상징하는 의미에서 이와 같이 부른다. 한편 물리 용어로는 '갈릴레오'가 아니라 '갈릴레이'를 사용하는 것이 국제적인 표준이다. 관성계 간의 변환인 갈릴레이 변환에 대해서는 다음 항에서 설명한다.

뒤에서 서술하겠지만 이 원리와 운동의 법칙은 광속보다 훨씬 느린 속도의 관성계에서 성립한다. 속도 $v$가 광속 $c$보다 훨씬 느리다는 것을 '$v \ll c$'라는 기호로 나타내고(음악의 포르티시모 $ff$처럼 부등호를 이중으로 써서 강조한다), 그 극한을 '$\frac{v}{c} \to 0$'이라고 쓴다. 이 극한을 20세기에 등장한 아인슈타인의 상대론과 비교해서 **고전 역학의 극한**이라고 부른다.


## 갈릴레이 변환

관성계의 변환을 더욱 쉽게 이해하기 위해 선로를 달리는 열차를 예로 들어보자. 그림 5-5처럼 곧게 뻗은 선로를 $x$축으로 하는 3차원 좌표$(x, y, z)$를 설정하고 관성계 $K(x, y, z)$를 생각해보자. '$K$'는 좌표계를 의미하는 독일어 'Koordinatensystem'의 머리글자를 딴 것이다.

이 관성계 $K$에 대해서, $x$축 방향을 향해 일정한 속도 $v$로 운동하는 열차를 관성계 $K'(x', y', z')$라고 한다. 관성계 $K$의 시간을 $t$, 관성계 $K'$의 시간을 $t'$라고 한다. $K$에서 보면 $K'$의 원점은

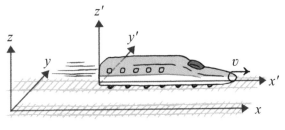

**그림 5-5** 두 개의 관성계

항상 $vt$ 위치에 있게 된다.

관성계 $K$의 $x$축 위의 한 점 $x$를 취할 때, 관성계 $K'$에서 이 점에 대응하는 위치 $x'$는 $x$에서 $K'$의 원점이 이동한 거리 $vt$를 빼서 구할 수 있으므로 $x-vt$가 된다. 한편 관성계 $K'$는 $x$축 위를 이동하기 때문에 다른 좌표 $y$와 $z$는 변하지 않는다. 또 암묵적으로 시간은 불변($t'=t$)으로 가정한다.

$x'=x-vt$와 $t'=t$를 합친 변환을 **갈릴레이 변환**이라고 한다. 갈릴레이 변환은 갈릴레이-뉴턴의 상대성원리를 만족한다.

이 갈릴레이 변환이 명백히 옳다고 생각할 수도 있으나 이 변환은 결국 아인슈타인의 상대론에서 수정된다. 근본적인 원인은 '시간은 불변이다'라는 암묵적 가정에 있었다.

# 좌표축이란?

갈릴레이 변환을 데카르트 좌표계의 그래프로 나타내면 기하학적으로는 어떻게 표현될까? 먼저 3차원 좌표$(x, y, z)$의 좌표축에 대한 세 가지 기본적인 성질을 확인해보자. 언뜻 단순해 보이는 성질이지만 쉽게 이해하지 못하는 사람도 많다.

1. 모든 좌표축은 한 점에서 만난다. 이 점이 원점이고 좌표는 이 점에서 시작된다. 축의 한쪽은 플러스, 다른 한쪽은 마이너스이다.
2. 하나의 좌표축에 대해 다른 변수의 값은 전부 0이 된다. 예를 들어 $z$축에서는 $x = y = 0$이 항상 성립한다. 이 성질은 성질 1로부터 명백하지만 의외로 간과하기 쉽다.
3. 하나의 좌표축에 평행인 직선은 다른 변수의 값이 일정하다. 예를 들어 $x$축에 평행인 직선은 $y = $const.와 $z = $const.가 된다. const.는 '어느 일정한 값'(영어로 constant)이라는 뜻이다. 성질 3은 성질 2를 일반화한 것이다.

모든 좌표축이 서로 직각으로 만날 때, 전체를 **직교 좌표계**라고 한다. 또 좌표축 중 하나가 다른 좌표축과 비스듬히 만날 때, 전체를 **사교 좌표계**라고 한다. 방금 설명한 세 가지 성질은 어떤 형식의 좌표계에서든 성립한다. 고등학교까지는 직교 좌표계만 배우는 탓에 사교 좌표계를 특수하다고 여기기 쉬운데 기본적인 성질은 전혀 다르지 않다.


## 갈릴레이 변환과 사교 좌표계

시간과 공간을 합쳐 **시공간**이라고 한다. 시공간을 다룰 때 공간을 가로축에, 시간을 세로축에 놓은 그래프를 활용하면 이해하기 쉽다. 시간 쪽은 속도 상수인 광속 $c$를 곱해서 $ct$로 놓는다. 갈릴레이 변환에서는 그 필요성이 크게 느껴지지 않지만, 상대론에서 시공간의 대칭성을 다룰 때는 위력을 발휘하므로 이 방식에 익숙해지는 것이 좋다.

열차의 운동은 위치 $x$와 시간 $t$로 나타낼 수 있으므로, 가로축인 $x$축과 세로축인 $ct$축으로 이루어진 2차원 좌표로 볼 수 있다. 좌표$(x, ct)$는 시공간의 '한 점'을 나타낸다. 이러한 그래프를 **시공간 그래프**라고 한다. 한편 축의 스케일(척도)은 모두(속도 상수도 포함해) 임의로 취할 수 있다.

우선 관성계 $K$의 점$(x, ct)$을 시공간 그래프에 나타내기 위해 $x$축을 수평 방향 오른쪽에, $ct$축을 수직 방향 위에 놓은 '직교 좌표계'를 이용해보자. 갈릴레이 변환에 따라 좌표계$(x, ct)$가 $(x', ct')$로 변환되며 이에 따라 좌표축도 변한다.

성질 2로부터 $x$축에서는 $ct = 0$이 늘 성립한다. $t' = t$인 갈릴레이 변환에서는 $x$축에서 $ct'=0$도 항상 성립한다. $ct'=0$은 $x'$축을 나타내므로 $x'$축과 $x$축은 일치하게 된다.

그다음으로 $ct'$축을 구해보자. 성질 2로부터 $ct'$축 상에서는 항상 $x'=0$이 성립한다. $x'=x-vt$라는 갈릴레이의 변환에 따라 $x=vt$일 때 항상 $x'=0$이 성립한다. 이때 $x=\frac{v}{c}(ct)$ 또는 $ct=\frac{c}{v}x$가 된다. 후자는 $y=\frac{c}{v}x$(세로축을 $y$축으로 한 경우)라는 비스듬한 직선을 나타낸다. 이것이 구하는 $ct'$축이다(그림 5-6).

이 그래프 전체를 옆에서 보면 $ct'$축은, $\frac{v}{c}$의 비율만큼 $ct$축을 $x$축 방향으로 기울인 직선이다. 이렇게 그래프를 옆에서 보는 방법은 뒤에서 서술할 상대론의 시공간 그래프에서 성립한다. 이로써 이 좌표계($x'$, $ct'$)가 '사교 좌표계'가 됨을 알 수 있다.

한편 $t'=t$라면 $ct'=ct$이므로 $ct'$축과 $ct$축이 일치한다고 생각할 수도 있다. 하지만 이 직관은 잘못됐다. 어느 부분이 잘

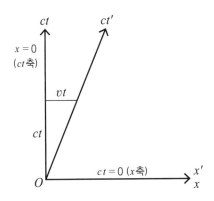

**그림 5-6** 갈릴레이 변환과 사교 좌표계 ①

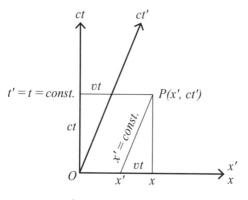

**그림 5-7** 갈릴레이 변환과 사교 좌표계 ②

못됐는지 생각해보자(♀).

이번에는 사교 좌표계를 사용해보자. 그림 5-7의 원점을 $O$ 로 놓는다. $O$는 제로점을 나타낼 뿐 아니라 원점을 의미하는 'origin'의 머리글자이기도 하다. 사교 좌표계에 임의의 점 $P$(point의 머리글자)를 설정하고, 좌표를 ($x'$, $ct'$)라고 하자. 성질 3으로부터 $x'$축에 평행인 직선(그림에서 점 $P$를 지나는 수평선)은 $t'=t=$const.가 된다. 여기서 $t=$const.는 관성계 $K$에서 '동시'의 점을 나타낸다. $t'=$const.도 마찬가지이며 양자가 일치하므로 두 개의 관성계 사이에 '동시성'이 유지된다. 또 $ct'$축에 평행인 직선(그림에서 점 $P$를 지나는 비스듬한 선)은 $x'=$const.가 된다.

이제 점 $P$에서 $ct$축에 평행한 직선(그림에서 점 $P$를 지나는 수직선)을 그으면 점 $P$의 $x$좌표를 구할 수 있다. 그림에서 두 곳에 $vt$의 길이가 나타나는데, 일치하는 $x'$축과 $x$축에서 갈릴레이 변환 $x' = x - vt$ 가 기하학적으로 확인된다.

## 아인슈타인의 등장

이 장의 주인공은 현대 우주관을 창조한 아인슈타인이다. 아인슈타인은 20세기 전반에 몰아친 물리학의 혁명을 주도했으며, 두 차례의 세계대전이라는 격동기에서 살아남은 인물이다.

아래는 아인슈타인이 67세 무렵에 쓴 자서전(이하《자서전 노트》)에서 발췌한 내용으로, **뉴턴 역학**(고전 역학)에서 회전을 이해하는 데 중요한 역할을 한다.

> 뉴턴 선생, 나를 용서하시오. 당신은 당신의 시대에, 가장 높은 사고력과 창조력을 갖춘 사람만이 갈 수 있는 유일한 길을 발견하셨소. 당신이 창조한 개념은 지금도 여전히 우리의 물리학적 사고를 이끌고 있소. 개념 간의 관계를 더욱 깊이 파악하려면 이제 당신의 개념을 경험할 수 있는 틀에서 벗어나 다른 것으로 치환해야 한다는 것을 알지만, 이런 생각에는 변함이 없소.[10]

아인슈타인은 대학에서 물리학을 전공하며 수학과 어느 정도 거리를 둔 이유를 다음과 같이 설명한다.

수학은 수많은 특수한 부문으로 나뉘고 그중 하나가 우리에게 허락된 시간을 빼앗을 가능성이 있다는 것을 알았다. 그 결과 나는 어느 쪽 건초 더미를 선택해야 할지 결정하지 못하는 뷔리당의 당나귀 같은 상태에 빠졌다. (……) 하지만 물리학 분야에서 나는 즉시, 기본적인 것으로 이어지는 것, 다른 모든 것과는 구별해야 하는 것, 정신을 흩뜨리고 본질적인 것으로부터 벗어난 것을 구별하는 법을 배웠다.[11]

여기에 나오는 '뷔리당의 당나귀'는 두 개의 건초 더미 가운데 더 많은 쪽을 먹으려고 고민하다 끝내 어느 쪽도 선택하지 못하고 굶어죽은 당나귀에 관한 이야기이다. 학교나 직장을 선택할

**그림 5-8** 아인슈타인의 자화상 스케치.[9] 바이올리니스트 스즈키 신이치 씨에게 보낸 1926년의 헌사가 있다.

때도 더 재미있을 것 같은 주제, 더 장래성이 기대되는 분야, 더 좋은 환경을 생각하다 결국에는 어느 것도 선택하지 못하고 기회를 놓칠 때가 있다. 이를 생각하면 '뷔리당의 당나귀'는 웃어넘길 수만은 없는 이야기이다.

아인슈타인은 유머를 제대로 즐길 줄 아는 사람이었다. 어느 날은 "당신의 연구실은 어디입

니까?"라는 질문을 받자 가슴 주머니에서 만년필을 꺼내 "여기입니다"라고 웃으면서 답했다고 한다.[12] 나도 항상 가지고 다니는 만년필이 있는데, 언젠가는 꼭 같은 질문을 받아보고 싶다.

갈릴레오가 사망한 해에 뉴턴이 태어난 것처럼, 전자기학을 확립한 **제임스 맥스웰**(James Clerk Maxwell, 1831~1879)이 사망한 해에 아인슈타인이 태어났다. 이 신기한 운명 때문인지 아인슈타인은 뉴턴보다 맥스웰의 영향을 크게 받았다.

아인슈타인의 탄생일은 3월 14일이다. '뉴턴제'처럼 화이트데이에 '아인슈타인제'를 기획해보면 어떨까?


## 광속을 결정하는 법칙

아인슈타인이라고 하면 "빛의 속도는 뛰어넘을 수 없다"라는 법칙을 떠올리는 독자가 많을 것이다. 그 이유를 제대로 이해하기 위해서는 한 발 더 나아가서 빛의 성질을 이해하는 것이 필요하다.

빛의 실체는 **전자기파**로, 전기장과 자기장의 주기적인 진동이 주변에 전파되는 현상이다. 맥스웰이 확립한 **전자기학**의 기본 법칙에 따르면, 전기장에서 분극(플러스와 마이너스 전기로 나뉘는 것)의 정도를 나타내는 **유전율**($\varepsilon$, 그리스문자 입실론)과 자기장에서 분극(N극과 S극으로 나뉘는 것)의 정도를 나타내는 **투자율**($\mu$, 그리스문자 뮤)이 빛이 전달되는 속도(**광속**) $c$를 결정한다($c^2 = 1/\varepsilon\mu$). 물질의 분극이 클수록 물질 내에서 빛의 속도는 느려진다.

또 진공 속에서 유전율과 투자율은 정수이며, 광속은 진공 속에서 일정한 값 $c$를 가진다. $c$의 단위는 m/s이고, 그 값은 $2.99792458 \times 10^8$ m/s(약 초속 30만km)이다. 이것은 이른바 '1초에 지구를 일곱 바퀴 반 도는' 속도이다. 물질 속에서 광속은 이 값보다 반드시 작아진다. 진공 속에서 광속은 수학의 원주율 $\pi$에 상응하는 물리학의 기본 상수다.

## 소년 아인슈타인의 사고실험

과학에 재능을 보였던 소년 아인슈타인은 전자기학을 독학하고, 열여섯 살에는 독자적인 '사고실험'에 몰두했다. 아래는 아인슈타인의 말이다.

그 패러독스는 광선빔을 (진공 속의) 광속도 $c$로 쫓아가면 광선빔은 정지한, 공간적으로 진동하는 전자기장으로 보일 것이라는 논리였다. 하지만 경험에 근거해봐도, 맥스웰의 이론을 적용해봐도 그와 같은 일이 일어나리라고는 생각할 수 없었다. 사실 처음부터 나는 관측자의 관점에서 판단하면, 모든 일이 지구에 상대적으로 정지하고 있는 관측자와 같은 법칙에 따라 발생해야 하는 것이 직감적으로 명백하다고 생각했다. (……) 이 패러 독스 안에서 이미 특수상대성이론의 씨앗이 움튼 것이다.[13]

소년 아인슈타인은 빛이 멈춘 것처럼 보일 것이라는 역학의 예상이 전자기학과 모순된다는 것을 이미 깨달았다. 갈릴레이 변환에 따르면 광속 $c$의 값은 관측자와 광원의 **상대 속도** $v$로 인해 변할 것이다. 한편 유전율과 투자율의 값을 측정하여 광속을 구할 경우, 광속은 광원의 운동 상태와 관계없이 결정된다. 이것은 명백한 모순이다. 즉 물리학의 근간을 이루는 역학과 전자기학이 서로 용납할 수 없는 관계에 빠지고 만 것이다.

공교롭게도 맥스웰이 사망한 해에 태어난 아인슈타인은 직감적으로 전자기학이 옳다고 느꼈던 것이 분명하다. 광속을 구하는 식($c^2 = 1/\varepsilon\mu$)에는 상대 속도 $v$가 들어가지 않기 때문에 설령 '광선빔을 광속도 $c$로 쫓아가는 관측자'라도 지상에서 관측한 (즉 '지구에 상대적으로 정지하고 있는 관측자'가 관측한) 것과 반드시 같은 결과를 얻어야 한다.

바꿔 말하면 전자기학 법칙과 그 법칙이 유도하는 광속은 관성계 간의 변환에 대해서 불변이어야 한다. 이것이 **광속 불변의 원리**이다. 이 원리를 만족하기 위해서는 기존의 역학을 수정하고 갈릴레이 변환을 대신할 새로운 변환 규칙이 필요하다.

## 아인슈타인의 사고법

1887년에 '마이컬슨-몰리의 실험'으로 밝혀졌듯이, 빛의 속도가 지구의 공전 운동에 좌우되지 않는다는 결과는 아인슈타인의 사고에 영향을 미치지 않았다. 실제로 1954년의 편지에서 아인슈타인은 다음과 같이 분명히 밝혔다.

> 나 자신이[이론이] 발전하는 데 마이컬슨의 결과는 큰 영향을 주지 않았습니다. 이 부분에 대한 첫 논문을 썼을 때(1905년) 그것을 알았는지조차 생각나지 않습니다. 일반적인 이유로 절대운동이 존재하지 않는다는 사실을 굳게 믿었고, 오로지 문제는 이것이 전기역학적 지식과 양립할 수 있는지였기 때문입니다. 이로써 내 개인적인 노력에 왜 마이컬슨의 실험이 아무런 역할도, 적어도 결정적인 역할을 하지 못했는지 이해하시리라 믿습니다.[14]

아인슈타인은 과거의 실험 결과가 어떠하든 기반이 될 원리와 법칙을 끝까지 믿고 나아갔다. 사실 광속이 속도의 상한선이라는 예상은 아인슈타인의 논문이 나오기 전년에 쥘 앙리 푸앵카레(Jules-Henri Poincaré, 1854~1912)가 발표했다. 하지만 광속이 속도의 상한선이라는 것은 상대론의 '귀결'이지 '전제'가 아니다. 전제가 된 것은 어디까지나 '광속은 관측자와 상관없이 불변이다'라는 기본 원리이다.

푸앵카레는 실험 결과에 근거해 '합리적으로' 이론을 만들려고 했지만('귀납'이라고 한다), 반대로 아인슈타인은 기본 원리로부터 '연역적으로' 결론을 이끌어냈다.


## '초광속'이라는 환상

2011년 9월, 뉴트리노neutrino라는 소립자의 속도를 측정했더니 광속을 약간 상회한다는 결과가 발표됐다. 그러나 실제로는 측정 장치의 접속 오류가 원인이었다는 것이 나중에 밝혀졌다. 처음에 나온 상대론의 해설 기사는 물의를 가라앉히지 못했다. 그러기는커녕 "상대성이론의 근간이 크게 흔들렸다"라고 보도되면서 실제로는 "아인슈타인이 틀렸다"라는 충격적인 뉴스로 유포되고 말았다.[15] 더욱 큰 문제는 보도 내용에서 '미래에서 과거로 여행하는 타임머신의 기본이 된다'라고 표현한 부분이다. 이러면 일반 사람들은 '타임머신'에 물리학적 근거라도 있는 것처럼 잘못 이해하기 쉽다. 과학 이론과 SF적 발상이 어떻게 다른지 분명히 해둘 필요가 있었다.

광속이라고 하면 일본의 장기 기사 다니가와 고지谷川浩司 9단을 상징하는 '광속의 끝내기'를 떠올리는 사람도 있을 것이다. 나도 그중 한 사람으로 방에 그림 5-9의 액자를 걸어두었다. 광

**그림 5-9** 다니가와 9단의 색지
(저자 소장).

속을 뛰어넘는 기술은 없으므로 광속의 끝내기는 기사가 지향하는 궁극의 승부 마무리 기술이다.

고등학생 때 보던 영어 문제집에 "기술의 진보에 따라 인류는 음속의 벽을 뛰어넘었다. 가까운 미래에는 광속의 벽도 뛰어넘을 것이다"라고 진지하게 쓰인 지문이 있었다. 웃기는 이야기라고 생각해서 주변 친구들에게 이야기하고 다녔는데 아무도 웃지 않았던 기억이 난다.

물론 빛은 소리보다 빠르다. 그런데 이상하게도 일본에는 빛보다 빠른 것이 있다. 이것은 과연 무엇일까?(💡, 답은 이 장 마지막) SF에 나오는 초광속 입자 '타키온' 따위가 아니라 실제로 존재하는 것이다.

## 두 가지 원리

과학사에서 '기적의 해'로 불리는 1905년, 아인슈타인은 이때 발표한 논문 중 하나에서 다음의 두 가지를 원리로 제시한다.

1. 서로에 대해서 균일한 병진운동을 하는 임의의 두 좌표계

가운데 어느 한쪽을 선택하여 기준으로 삼아 물리계의 상태
변화를 법칙으로 표현하든, 여기서 유도되는 법칙은 좌표계
의 선택과는 무관하다.

2. 하나의 정지계를 기준으로 삼은 경우 모든 광선은, 정지한
물체에서 방출됐는지 운동하는 물체에서 방출됐는지에 관
계없이 항상 일정한 속도 $c$로 전파된다. 여기서 빛의 속도는
'속도 = [빛이 진행한 거리] / [전파에 필요한 시간]'로 정의
된다.[16]

첫 번째 원리는 **특수상대성원리**로 불린다. '균일한 병진운동'이란
등가속도 운동을 뜻하며, 병진운동은 회전운동과 구별되는 용
어이다. 여기서 말하는 좌표계는 관성계를 뜻한다. 4장에서 설
명했듯이, 운동과 정지는 상대적인 관점에 불과하며 '보통 정지
했다고 간주되는 물체가 정말로 항상 정지 중이라고는 할 수 없
다'라는 말을 떠올려보자. 물리법칙이 관성계의 운동 상태에 따
라 변한다면 물리학의 기반이 흔들리게 된다. 모든 물리법칙이
관성계 간의 변환에 대해 불변이라고 생각해야 하는 이유가 여
기에 있다. 아인슈타인은 특수상대성원리에 대해 다음과 같이
말한다.

이것은 열역학의 기초인 영구기관은 존재하지 않는다는 제한
적인 원리와 비교할 수 있는 자연법칙을 제한하는 원리이다.[17]

**영구기관**이란 아무것도 없는 상태에서 에너지를 만들어내는 가상의 기계이다. 그 존재를 부정하는 과정에서 에너지 역학이나 열역학이 시작됐다고 해도 무방하다. 영구기관이 존재하지 않는다는 제한적인 원리가 열역학의 기초에 존재하듯, 특수상대성원리는 모든 관성계를 동등하게 취급하는 제한적인 원리이며, 이는 자연법칙의 근간을 이룬다.

특수상대성이론의 논문에 게재된 두 번째 원리는 '광속 불변의 원리'이다. 고전 역학에서는 두 원리가 양립할 수 없었기 때문에, 아인슈타인은 이를 독립적인 원리로 제안해 모순 없이 문제를 해결한 것이다. 앞에서 서술했듯이 광속은 전자기학 법칙의 일부이므로 광속 불변의 원리는 특수상대성원리의 일부라고 생각해도 된다.

## 로런츠 변환의 도입

지금까지 살펴본 바를 토대로, 여기서는 특수상대성원리를 다음과 같이 정리하기로 한다.

4차원 시공간(유클리드 공간)의 관성계는 전부 동등하고 모든 물리법칙은 관성계 간의 변환에 대해서 불변이다.

**4차원 시공간**이란 3차원 공간과 시간을 합한 것으로, 세 개의 공간축($x$, $y$, $z$)과 시간축 $t$를 원점에서 모아 생각한다(공간과 시간은 음의 값도 취할 수 있으므로 시공간의 어느 한 점을 0으로 놓으면 된다). 인간이라는 존재도 시간의 흐름에 따라 변화하면서 3차원 공간을 살아간다. 또 유클리드 기하학(《유클리드 원론》을 바탕으로 평면상의 기하학을 체계화한 것)이 성립한다고 가정한 시공간을 가리켜 **유클리드 공간**이라고 한다.

특수상대성원리의 요청을 만족하는 변환을 **로런츠 변환**이라고 한다. 1895년에 **헨드릭 로런츠**(Hendrik Lorentz, 1853~1928)는 전자가 광속에 가까운 속도로 운동하면 그 운동 방향으로 전자의 길이가 축소된다는 가능성을 지적했는데, 아인슈타인은 1905년 당시 이 사실을 알지 못했다. 이러한 로런츠의 선견지명에 경의를 표하며, 후에 로런츠 변환으로 불리게 된 것이다. 전자기학 법칙을 비롯해 법칙과 물리량이 로런츠 변환에 대해서 불변으로 유지되는 것을 **로런츠 불변성**Lorentz invariance이라고 한다.

한편 달에 있는 수많은 크레이터에는 과학자의 이름이 붙여졌는데 '폭풍의 대양' 서쪽에 위치한 로런츠 크레이터와 아인슈타인 크레이터는 아주 가까이에 있다.

# 로런츠 변환과 사교 좌표계

앞서 갈릴레이 변환을 바탕으로 한 시공간 그래프를 설명했는데, 로런츠 변환을 바탕으로 한 시공간 그래프는 어떻게 나타날까? 실은 이 새로운 시공간 그래프가 특수상대성이론의 시공간을 이해하는 데 도움이 된다.

결론을 말하자면 그림 5-10처럼 시간축과 공간축을 모두 $\frac{v}{c}$의 비율로 비스듬히 기울인 사교 좌표계가 로런츠 변환에 의한 관성계 $K'(x', ct')$의 시공간 그래프이다. 갈릴레이 변환에서는 시간축만 $\frac{v}{c}$의 비율로 공간축 방향으로 기울였다. 로런츠 변환에 의한 시공간 그래프에서는 공간축과 시간축이 원래의 직교 좌표계에 대해서 대칭적으로 기울어 특수상대성이론이 시공간을 대칭적으로 다루는 것임을 기하학적으로 나타낸다.

따라서 로런츠 변환에서는 $x$축과 $x'$축이 일치하지 않으므로 $x$축에 평행한 직선 $t = \text{const.}$와 $x'$축에 평행한 직선 $t' = \text{const.}$도 일치하지 않으며, 두 관성계 사이에 '동시성'은 유지되지 않는다.

## 시간 팽창의 상대성

특수상대성이론에서는 두 관성계 간에 대응하는 시간을 측정했

을 때 서로의 시간이 팽창
(상대의 시계가 더 빨리 돌아간
다)한다. 이 현상을 시공간
그래프로 확인해보자.

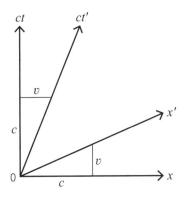

**그림 5-10** 로런츠 변환과 사교 좌표계

먼저 관성계 $K$와 관성
계 $K'$에 각각 성능이 같
은 시계를 놓고 $t = 0$과
$t' = 0$으로 동기화한다. 관

성계 $K$에서 $x = 0$으로 놓은 시계가 시간 $t_1$을 지날 때 관성계
$K'$의 시계에서는 어느 정도의 시간 $t'_1$이 경과할까?

그림 5-11에서 $ct$축 위의 점$(0, ct_1)$에서 $x'$축과 평행한 선
을 그으면 $ct'$축과 만나는 점이 있다. 이 교점에 구하고자 하는
$t'_1$을 부여한다. 교점 $(0, ct'_1)$은 관성계 $K$에서 $(0, ct_1)$를 지나
는 $x$축과 평행한 선보다 반드시 위에 있으므로 $ct'_1 > ct_1$이
되어 시간이 팽창하는 것을 알 수 있다.

이어서 시간 팽창이 '상대론적'임을 확인하기 위해 두 관성계
를 바꿔서 생각해보자. 특수상대성원리에 따르면 관측자가 변해
도 시간이 팽창하는 차이는 동등하므로 시간은 관성계 사이에
서 '서로' 팽창하게 된다. 관성계 $K'$에서 $x' = 0$으로 놓은 시계
가 시간 $t'_1$을 지날 때 관성계 $K$의 시계에서는 어느 정도의 시
간 $t_1$이 경과할까?

그림 5-12에서 $ct'$축 위의 점 $(0, ct'_1)$에서 $x$축과 평행한 선

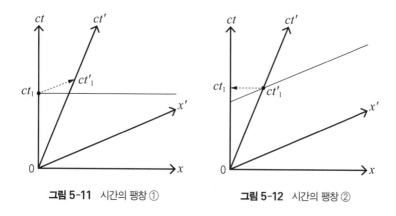

**그림 5-11** 시간의 팽창 ①　　　　**그림 5-12** 시간의 팽창 ②

을 그으면 $ct$축과 만나는 교점에 $t_1$을 부여한다. 교점 $(0, ct_1)$
은 관성계 $K'$에서 $(0, ct'_1)$을 지나는 $x'$축과 평행한 선보다 반
드시 위에 있으므로 $ct_1 > ct'_1$이 되어 시간이 팽창함을 알 수
있다. 이처럼 상대론은 시공간의 기하학적 성질을 분명히 하는
이론이다.


## 시간 팽창의 입증

특수상대성이론이 예측하는 시간 팽창은 1940년대 이후로 여러
차례 입증되고 있다. 여기서는 소립자 중 하나인 뮤온(뮤 입자)의
예를 소개하려고 한다.

　우주선(우주에서 지구로 도달하는 고에너지의 방사선)이 지구 상공 약
20km에서 대기 중의 원자핵과 충돌하면 뮤온이 발생한다. 뮤온

은 '수명'이 2μs(마이크로초: 1μs는 100만 분의 1초)로 매우 짧고, 전자와 뉴트리노로 변하므로 지상에서는 뮤온을 발견할 수 없다. 이 변화는 확률적으로 일어나기 때문에 뮤온의 절반이 전자와 뉴트리노로 변하기까지의 시간(일반적으로 반감기라고 한다)을 수명으로 본다.

하지만 실제로 뮤온은 지표면까지 도달하는 것으로 알려졌다. 광속의 99.5퍼센트에 이르는 속도로 날아오는 뮤온은 특수상대성이론이 예상한 것처럼 수명이 늘어나기 때문에 지표면에서 관찰할 수 있다. 지표면에 도달한 뮤온을 알루미늄판 등으로 정지시키면 뮤온의 수명을 계측할 수 있다.

만약 뮤온에 눈이 있다면 지상에서 일어나는 모든 현상의 시간이 팽창되어 보일 것이다. 이처럼 반대 입장에서 봤을 때의 상대성을 입증하려면 광속에 가까운 로켓에 타야 하기 때문에 아직은 실현이 어려워 보인다.

## 로런츠 수축

특수상대성이론에서는 두 관성계 간에 대응하는 거리를 측정했을 때 서로의 거리가 수축한다. 이 현상을 데카르트 좌표계로 확인해보자.

관성계 $K'$에서 길이가 $l$인 막대가 정지했을 때 관성계 $K$에서 $t = 0$의 사진을 찍으면, 이 막대의 길이 $x$는 $l$보다 짧아진다. 이 현상을 **로런츠 수축**이라고 한다.

로런츠 수축을 이해하려 면 사교 좌표계에 좀 더 익 숙해져야 한다. 시공간의 한 점이 시간에 따라 그리

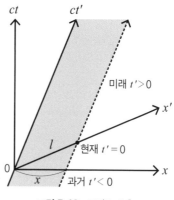

**그림 5-13** 로런츠 수축

는 궤적을 **세계선**이라고 한다. 세계선은 예를 들면 비행기구름과 같은데, 물체가 정지해 있으면서도 시간축을 따라 궤적을 그리 는 것에 주의하자.

막대의 왼쪽 끝을 원점에 대고 $x'$축 위에 놓으면 막대의 왼쪽 끝($x' = 0$)의 세계선은 $ct'$축과 일치한다(그림 5-13). 또 막대의 오 른쪽 끝($x' = l$)의 세계선은 $ct'$축과 평행하다.

현재($t' = 0$)의 막대에 대해서 미래($t' > 0$)의 막대는 그림과 같 이 위쪽으로 평행 이동한다. 같은 방법으로 막대를 과거($t' < 0$) 로 되돌리면 아래쪽으로 평행 이동한다. 따라서 막대의 세계선 은, 막대 위의 모든 점이 과거에서 미래까지 쓸고 지나간 결과에 따라 띠 형태의 영역을 이룬다.

한편 앞에서 말한 '$t = 0$일 때의 사진을 찍는다'는 것은 이 막 대의 세계선인 띠를 $x$축으로 자른다는 뜻이다. 그림에서는 '띠 의 단면' 길이가 $x$이다.

그림에서 $x$축 위의 점 $(l, 0)$은 관성계 $K$와 관성계 $K'$의 상대 속도 $v$가 0일 때의 막대 오른쪽 끝이고, 세계선의 단면 오른쪽 끝$(x, 0)$보다 반드시 오른쪽에 있으므로 $x < l$이 되어 거리가 수축하는 것을 알 수 있다.

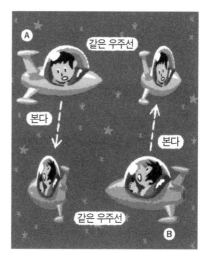

**그림 5-14**  로런츠 수축의 상대성[18]

또 특수상대성원리에 따르면 관측자가 변해도 거리가 줄어드는 차이는 동등하므로 거리는 관성계 사이에서 '서로' 줄어들게 된다(그림 5-14).

## 로런츠 수축의 변화

로런츠 수축의 변화를 그래프로 나타내면 그림 5-15와 같다. 가로축은 관성계 사이의 상대 속도와 광속의 비이고, 세로축은 관찰되는 거리(수축 비율)이다. 예를 들어 상대 속도가 광속의 약 85퍼센트일 때 관찰되는 거리는 절반이 된다. 이 그래프로부터 실제로 광속의 몇 퍼센트 정도로 속도가 실현되면 상대론의 효과를 감각적으로 실감할 수 있는지 알 수 있다. 한편 이 곡선의

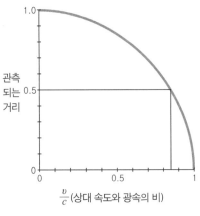

1.0

관측
되는    0.5
거리

0
     0           0.5           1

$\dfrac{v}{c}$ (상대 속도와 광속의 비)

**그림 5-15** 로런츠 수축의 변화

형태는 원주의 4분의 1 분량이다.

    그림 5-16은 집 앞의 도로를 촬영한 것이다. 숫자는 최고 속도를 나타내는 노면 표시인데, 왜 이처럼 길쭉하게 그렸을까? 실제 숫자 하나의 크기는 폭 0.5m에 길이 5m로 정해져 있다. 이 노면 표시를 정한 사람은 로런츠 수축을 고려해서 제한 속도를 지키기에 알맞은 길이로 정한 것일까? 물론 이 말은 농담이다.

**그림 5-16** 노면 표시의 예(저자 촬영)

앞의 그래프에서 알 수 있듯이 노면 표시가 절반 정도의 길이로 보일 정도면 벌금으로는 끝나지 않을 속도이다.

실제로 차에서 이 노면 표시를 보면 정지 상태에서도 적당한 길이로 잘 보인다. 이는 착시를 꾸밀 때 곧잘 쓰는 수법인데, 운전 중 자연스럽게 전방을 주시하는 각도에서는 노면 표시가 수축되어 보인다.


## 차고의 패러독스

일상생활에서는 로런츠 수축을 경험할 기회가 없기 때문에 상식에 반한다고 생각하기 쉽다. 로런츠 수축과 관련된 '차고의 패러독스'를 생각해보자.

관성계 $K$를 차고, 관성계 $K'$을 광속에 가까운 속도로 주행하는 차라고 하자. 차고 입구와 안쪽 벽이 열렸으므로 차가 통과할 수 있다(벽과 충돌하는 경우를 가정해서 문제를 복잡하게 만들 필요는 없다).

관성계 $K$에서 보면 고속으로 주행하는 차는 로런츠 수축으로 인해 줄어들기 때문에 여유롭게 차고로 들어갈 것으로 보인다. 반면 관성계 $K'$에서 보면 차고가 로런츠 수축으로 인해 줄어들기 때문에 도저히 차가 들어갈 수 없을 것처럼 보인다. 각각의 경우를 사진으로 찍어 비교해보면 차이가 확실히 드러난다. 즉 이것은 실제로 차를 차고에 넣을 수 있는지에 대한 문제 제기이다.

이 불합리는 한쪽에는 차, 다른 한쪽에는 차고를 놓고 서로 다른 물체 한 쌍으로 서로를 비교하기 때문에 발생한다. 즉 문제 설정 자체가 상대론적이지 않은 것이다.

차고와 차를 두 쌍 같은 것으로 준비한 뒤 차고와 차 세트를 각각 관성계 $K$와 관성계 $K'$로 놓으면, 어느 쪽 차고에서 차를 보아도(차고 $K$에서 차 $K'$, 차고 $K'$에서 차 $K$) 완벽히 '피차일반'이 된다. 또 차 $K$가 차고 $K$에 들어가는 것을 관성계 $K'$에서 봐도 차가 차고에 들어가는 것은 변함이 없다. 그 반대도 마찬가지이다.

앞서 일본에는 빛보다 빠른 것이 있다고 했는데 답은 '노조미' 이다. 도카이도 신칸센은 '코다마, 히카리, 노조미'처럼 야마토 말로 명명됐다. 상대론에 반하는 이름을 채택하는 데 과연 어느 정도의 반대 의견이 있었을까?(빛은 일본어로 히카리라고 하며, 신칸센 은 코다마 〈 히카리 〈 노조미 순으로 속도가 빠르다-옮긴이)

# 6장

# 일과 에너지

5장에서 뉴턴의 제1법칙(관성의 법칙)이 성립하는 관성계는 물리 법칙 앞에서 모두 동등함을 살펴봤다. 6장에서는 뉴턴의 제2법 칙과 제3법칙의 주인공이었던 '힘'이 '일'과 '에너지'로 발전해 가는 사고 과정에 초점을 맞춘다.

## 다양한 에너지

'에너지가 넘치는 힘센 사람'이라는 말에서 알 수 있듯이 일상에 서는 '에너지'와 '힘'이 거의 같은 의미로 쓰인다. 두 단어를 구별 한다면 에너지는 안에 감춰진 힘이고, 힘은 바깥으로도 발휘되 는 힘이다. 한편 '일'이라는 말은 외부로 드러나는 활동이나 임무, 사명 등을 의미한다.

현대 물리 용어에서는 '일'과 '에너지'를 비슷한 뜻으로 사용하고 '힘'을 구별한다. 예를 들어 힘의 단위는 뉴턴이고 일과 에너지의 단위는 줄인데, 각 개념에 공헌한 과학자의 이름을 따 지은 것이다.

물체가 추진력을 받아서 운동할 때, 그 힘이 하는 **일**work은 추진력(운동 방향의 성분)과 이동 거리의 곱으로 정의된다. 또 **에너지**는 일은 물론이고 일로 바뀔 수 있는 것, 일이 변한 것 등을 총칭하는 물리량이다. 요약하자면 일은 에너지의 일부이다. 그 밖의 에너지로는 **열**이 있다.

물체의 빠르기에 직접 관여하는 에너지를 **운동 에너지**라고 한다. 추진력이 하는 일은 '운동 에너지의 변화'를 발생시킨다. 반대로 풍차나 수차처럼 운동 에너지를 일이나 동력으로 바꾸는 것도 가능하므로 운동 에너지와 일은 등가이다.


## 정지한 물체의 에너지

정지한 물체는 일을 하지 않기 때문에 에너지가 0이라고 생각하기 쉽다. 그러나 4장에서 설명한 것처럼 관성계에서는 운동이나 정지와 같은 절대적인 상태를 구별할 수 없다. 따라서 운동 에너지의 유무로 운동 상태를 구별하는 것은 부자연스럽다. 정지한 물체가 가진 에너지를 **정지 에너지**로 보고, 운동 에너지와 정지 에너지를 통합하는 식이 필요하다. 이것을 처음으로 실현한 것이 상대론이었다. 아인슈타인은 정지 에너지 $E$를, 질량 $m$에 광속 $c$의 제곱을 곱한 '$E = mc^2$'으로 나타낼 수 있다고 발표했다.

즉 정지 에너지는 질량(관성 질량)만으로 결정된다. 이것을 **질량 에너지 등가 법칙**이라고 한다. 이 등가 법칙은 '질량은 무엇인가?'라는 질문에 '물체가 가진 정지 에너지이다'라고 대답해도 된다는 뜻이다. 다만 '질량은 왜 존재하는가?'라는 질문에는 대답할 수 없다.

일은 음의 값을 가질 수 있다. 즉 브레이크를 밟았을 때처럼, 일이 가해지면 가해질수록 속도가 줄고 운동 에너지가 줄어든다. 이때 추진력의 방향은 운동 방향과 반대이다.

또 낮은 곳보다 높은 곳에서 물체를 땅으로 떨어뜨릴 때 충격이 크다는 점에서 높은 곳에 있는 물체가 낮은 곳에 있는 물체보다 큰일을 한다는 점을 알 수 있다. 물체의 높이처럼 '위치'에 따라 결정되는 에너지를 **위치 에너지**라고 한다. 위치 에너지는 기준을 어디로 잡느냐에 따라 양의 값도, 음의 값도 될 수 있다. 이처럼 일반적인 에너지는 양의 값과 음의 값을 모두 가질 수 있다는 점을 기억하자.

## 운동 변화에 관여하는 에너지

지금부터 원자핵을 이야기하기 전까지는 고전 역학의 범위 내에서 에너지를 다룬다. 구체적인 이미지를 쉽게 떠올릴 수 있도록 컬링이라는 스포츠를 예로 들어보겠다(그림 6-1). 컬링 경기에는 화강암으로 만들어진 무거운 돌이 사용된다. 이 돌의 무게는 약 20kg이다. 시합 전 아이스링크 표면에 안개 형태의 물을 뿌려 작은 얼음 알갱이(페블)를 만들면 돌과 얼음이 접촉하는 면적이 감소해 돌이 쉽게 미끄러진다. 얼음 표면을 브러시로 문질렀을 때 돌이 더욱 잘 미끄러지는 것은 벗겨진 페블이 구슬처럼 볼 베어링(볼 축받이) 역할을 하기 때문이다.

손을 떠난 돌은 관성에 따라 운동하므로 외력을 받지 않고 진행 방향 그대로 직진하다가 얼음과의 마찰 때문에 머지않아 멈춰 선다. 돌이 손을 떠난 뒤 멈추기까지의 시간 동안 일어나는 운동의 변

**그림 6-1** 컬링

화에는 주로 다음의 세 가지 에너지가 관여한다. 공기 저항은 무시하기로 한다.

① 돌이 처음에 가지고 있던 운동 에너지 — 양
② 돌이 얼음으로부터 받은 마찰력(진행 방향과 반대)이 하는 일 — 음
③ 얼음이 돌로부터 받은 마찰력(진행 방향)이 하는 일 — 양

③은 열 또는 소리를 발생시키거나 얼음의 표면을 깎아내는 일이다. 돌이 마지막에 멈춰 서는 것은 ①과 ②의 에너지가 상쇄됐을 때이다. ②와 ③의 마찰력은 작용과 반작용의 관계에 있으므로 ②와 ③의 크기는 같고, 방향은 반대이다. 정리하면 다음과 같다.

① + ② = 0, ② + ③ = 0이므로 ① = ③

돌이 손을 떠나는 최초의 순간에는 ①의 에너지만 가지지만, 마지막에는 ①이 모두 ③의 에너지로 변해 흩어지게 된다. 한편 돌에는 연직 방향으로 중력이 작용하고, 이 중력은 얼음으로부터 받는 수직 항력과 항상 힘의 평형을 이룬다. 이때 중력이 하는 일과 수직 항력이 하는 일은 처음부터 0이며, 두 일이 서로 상쇄되는 것이 아니므로 주의한다.

# 일하지 않는 운동

그렇다면 수직 항력처럼 운동 방향에 대해 항상 수직으로 작용하는 힘은 왜 일을 하지 않는 것일까? 운동 방향에 수직으로 작용하는 힘은 애초에 운동 방향의 성분을 가지지 않기 때문에 그 힘이 하는 '일'은 그 정의로부터 0이다. 또 운동 방향에 수직으로 작용하는 힘은 운동 방향의 '속력'(속도의 크기)을 바꾸지 못하기 때문에 운동 에너지의 변화가 발생하지 않는다. 즉 이 힘은 일을 하지 않는다. 등속 원운동에서도 같은 현상이 일어난다. 구심력이나 원심력은 원 궤도를 따라 운동 방향을 바꿀 뿐 속력은 바꾸지 못하기 때문에 일을 하지 않는 것이다.

행성의 궤도가 원이면 운동 에너지와 위치 에너지 모두 변하지 않는다. 궤도가 타원이면 운동 에너지와 위치 에너지 사이에 교환은 일어나지만 에너지가 흩어지지는 않는다. 이것이 영원한 운동을 가능하게 한다. 진자 끈(팽팽해서 늘어나지 않는다)에 작용하는 장력이나 수직 항력처럼, 운동을 제한하는 거스를 수 없는 힘을 가리켜 **속박력**이라고 한다. 또 운동 궤도나 면에 대해서 항상 수직으로 작용하는 속박력을 **부드러운 속박**이라고 한다. 진자 끈의 장력이나 수직 항력은 궤도에 대해서 항상 수직으로 작용하므로 부드러운 속박이다. 부드러운 속박에 의한 일은 설령 이동했더라도 0이다. 일을 하지 않는(아직 취직하지 않은) 학생은 학교로부터 부드러운 속박을 받는다고 할 수 있다.

# '에너지'라는 새로운 발상

에너지의 어원은 그리스어 'ergon(일)'이다. 물리학적으로 일하는 능력이라는 뜻에서 '에너지'라는 용어를 처음 쓴 사람은 **토머스 영**(Thomas Young, 1773~1829)으로 1807년 무렵의 일이었다.[1] 당시는 물리학계에서도 힘과 에너지를 분명히 구별하지 않을 때였다.

또 운동 에너지는 질량에 속도의 제곱을 곱한 것($mv^2$)으로 생각했는데, 정확하게는 이 값을 2로 나눠야 한다. 이 사실을 처음으로 밝혀낸 사람은 헤르만 폰 헬름홀츠(Hermann von Helmholtz, 1821~1894)이며 19세기 중반의 일이었다. 에너지라는 발상은 물리 역사에서도 상당히 새로운 것이었다.

헬름홀츠는 독일의 생리학자이자 물리학자이며, 다빈치처럼 물리학에서부터 예술에 이르기까지 다방면에서 뛰어난 재능을 발휘했다. 1851년에는 검안경을 발명해 최초로 안저眼底를 검사했다. 헬름홀츠의 검안경은 도쿄대학교 의학부 안과에 보관되어 있다.

이듬해 헬름홀츠는 최초로 신경의 전달 속도를 측정해 신경 과학의 문을 열었다. 이후 청각 연

**그림 6-2** 헤르만 폰 헬름홀츠

구에서 음악 연구에 이르기까지 그 어마어마한 성과가 1862년에 출판된 저서에 기록됐다.[2]

헬름홀츠는 1847년에 한 강의에서 운동 에너지와 위치 에너지의 총합(**역학적 에너지**라고 한다)이 보존된다는 **에너지 보존 법칙**을 확립했다. 이를 전후로 **율리우스 폰 마이어**(Julius von Mayer, 1814~1878)가 운동 에너지가 열로 바뀔 수 있다는 것을 분명히 했고, **제임스 줄**(James Joule, 1818~1889)은 역학적 또는 전기적 에너지가 열로 바뀐다는 보존 법칙을 실증했다. 이러한 과정을 거쳐 에너지라는 발상이 물리학 무대에 정식으로 등장했다.

## 에너지 보존 법칙

높은 위치에 있는 물체는 그만큼 큰일을 할 가능성 있으며, 실제로는 일을 하지 않더라도 잠재적인 위치 에너지를 가진다고 생각할 수 있다. 높은 산은 위치 에너지도 높다. '왜 산에 오르나요?' 하고 누가 물으면 '큰일을 하고 싶어서요'라고 답하자.

힘이 하는 일이 출발점과 도착점의 위치 에너지 변화만으로 결정될 때 그 힘을 **보존력**이라고 한다. 보존력이 하는 일은 출발

**그림 6-3** 보존력이 하는 일은 경로와 관계없다.

점과 도착점만으로 결정되므로 중간 경로와는 관계가 없으며 따라서 과정도 일절 묻지 않는다(그림 6-3). 가령 중간에 길을 헤매더라도 '끝이 좋으면 다 좋은 것'이다. 위치 에너지와 관련된 보존 법칙은 다음과 같이 정리할 수 있다.

'보존력이 하는 일'이란 위치 에너지가 전환된 일을 가리킨다. 반대로 외부로부터 보존력에 저항하는 일을 하면(예를 들어 무거운 물건을 들어 올리는 경우) 일을 전부 위치 에너지로 전환할 수 있다.

## '장'과 퍼텐셜

물체의 물리량당 위치 에너지를 **퍼텐셜**potential이라고 한다. 중력이 작용하는 경우 물체의 질량당 위치 에너지는 '중력 퍼텐셜'이다. **전하**(전기의 근원이 되는 물리량)에 작용하는 힘을 **전자력**(전자기력)이라고 하는데, 전자력이 작용하는 경우 물체의 전하당 위치 에너지는 '정전 퍼텐셜(전기 퍼텐셜)'이다.

또 퍼텐셜이 존재하는 범위의 공간을 특별히 **장**場이라고 부른다. 일상에서 퍼텐셜이라는 단어가 '잠재적'이라는 말로 해석되듯이, 퍼텐셜이 존재하는 '장'이라는 공간은 위치에 따른 '잠재적인' 에너지를 비축하고 있다고 해석 가능하다.

중력 퍼텐셜이 분포하는 공간을 **중력장**이라고 한다. 중력장에 물체가 놓이면 그 물체의 질량에 비례하는 위치 에너지가 발생한다. 뉴턴의 만유인력의 법칙에 따르면 중력은 중력원으로부터의 거리의 제곱에 반비례해서 약해진다. 반면 중력원으로부터 멀어질수록 위치 에너지가 높아지므로 중력 퍼텐셜도 커진다.

## 원자핵의 질량 결손

질량 에너지 등가 법칙은 원자핵 연구에서 자주 입증된다.

1913년에 보어가 제창한 원자 모형에 따르면 원자는 **원자핵**과 전자로 이루어졌다(그림 6-4). 전자는 음(-) 전하를 띠지만, 원자핵에는 양(+) 전하를 띤 **양성자**proton와 전하를 띠지 않는 중성적neutral인 **중성자**neutron가 있다. 원자마다 양성자와 중성자의 수가

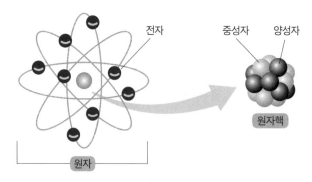

**그림 6-4** 원자 모형[3]

다른데, 이 둘을 구별하지 않고 **핵자**라고도 부른다.

원자는 전자와 양성자의 수가 같고 전체의 전하가 0인 것이 기본적인 상태이며, 전자를 잃거나 얻어 전하를 띠게 되면 **이온**이라고 부른다. 전자는 정해진 궤도를 따라 원자핵 주변을 돈다. 전자가 가질 수 있는 에너지 레벨인 **에너지 준위**는 정해져 있으며, 전자는 일정한 에너지를 흡수하거나 방출하면서 다른 궤도로 전이할 수 있다. 또 전자 자체는 **스핀**이라고 불리는 두 가지 상태를 가지며, 하나의 궤도에 상태가 다른 스핀을 가진 두 개의 전자가 들어갈 수 있다는 것이 나중에 밝혀졌다.

2013년, 보어의 원자모형 발표 100주년을 기념해 덴마크의 한 기업과 닐스 보어 연구소가 그림 6-5와 같은 모빌을 디자인했다. 하나의 궤도에 전자 두 개가 들어 있고, 바깥쪽으로 갈수록 에너지 준위가 높아진다. 원호의 틈은 전자 위치의 불확정성을 나타낸다.

원자핵의 질량은 각 핵자의 질량을 더한 것보다 항상 가볍다. 이와 같은 질량차를 **질량 결손**이라고 한다. 이러한 질량 결손은 왜 일어나는 것일까?

원자핵은 외부에서 큰 에너지를 받으면 각각의 핵자

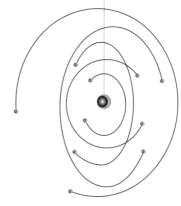

**그림 6-5** 원자 모형 모빌 FLENSTED MOBILER ApS(저자 소장)

로 분열된다. 반대로 분열된 핵자가 결합해 원자핵을 만들면 안정된 상태가 되어 전자기파(감마선)의 형태로 에너지를 방출한다. 핵자의 결합을 끊기 위해 필요한 에너지와 핵자가 결합할 때 방출되는 에너지는 같으며, 이를 **결합 에너지**라고 한다. 질량 에너지 등가 법칙으로부터 질량 결손이 결합 에너지와 등가임을 알 수 있었다. 즉 분열된 핵자를 원자핵으로 뭉치면 질량이 가벼워지는 만큼 에너지가 발생한다. 예를 들어 따로 살던 두 사람이 가정을 이루면 집세나 공과금 등의 생활비가 줄어서 가계가 안정되는 것과 같다.

한편 핵자 한 개당 평균적인 결합 에너지는 원자핵을 구성하는 핵자의 수가 많아질수록 증가하다가 핵자 56개인 철 원자보다 큰 원자핵부터는 서서히 줄어든다. 가장 안정되고 강한 결합을 이루기 쉬운 원자핵의 수는 약 56개인 것이다. 핵자가 적으면 비교적 작은 에너지로 결합을 끊을 수 있고, 반대로 핵자가 너무 많으면 불안정해져서 작은 원자핵으로 쉽게 분열한다. '지나친 것은 미치지 못한 것과 같다'라는 말은 극소의 세계에서도 통용되는 것 같다.

한편 원자핵이 결합해서 다른 원자핵으로 바뀌는 일도 있다. 원자핵의 분열이나 결합과 같은 반응은 일상과 가까운 곳에서도 찾아볼 수 있다. 원자핵이 결합하는 핵융합 반응은 태양 내부에서 끊임없이 일어나며, 원자핵이 나뉘는 핵분열 반응은 원자력 발전에 응용된다. 핵융합이든 핵분열이든 반응이 일어날 때 전체의 결합 에너지가 커져서 안정되는만큼 반응 전과의 차이에 해당하는 에너지가 방출되게 된다.

인간이 만드는 집단 또한 모이는 목적에 맞는 적절한 크기가 있다. 사람이 너무 적으면 사소한 충돌로 흩어지기 쉽고, 반대로 사람이 너무 많으면 작은 집단으로 분열하기 쉽다. 동아리 인원이 안정된 숫자에 이르면, 이후 매년 약간의 구성원이 교체될지라도 그 인원을 유지할 수 있다고 한다.

한편 수소$H_2$와 산소$O_2$가 만나 물$H_2O$이 만들어지는 화학 반응인 $2H_2 + O_2 \rightarrow 2H_2O$에서는, 원자가 사라지지 않기 때문에 **물질 보존의 법칙**(물질 불멸의 법칙)이 성립한다. 하지만 원자핵 반응처럼 물질(원자의 종류) 자체가 변하는 현상도 일어나기 때문에 물질 보존의 법칙에는 한계점이 존재한다. 또 **질량 보존의 법칙**도 질량 결손 등 때문에 성립하지 않기도 한다. 따라서 이러한 법칙들은 더욱 근본적이고 보편적인 '에너지 보존 법칙'으로 치환할 필요가 있다.


## '중간자'의 예측과 발견

원자핵의 핵자를 결합시키는 힘은 중력도 전자력도 아닌 **핵력** 또는 **강한 상호작용**이다. 핵력은 특정 입자를 주고받을 때 작용해서 **교환력**이라고도 불린다. 양성자나 중성자 사이에 핵력이 작용

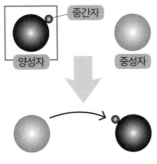

**그림 6-6** 핵자와 중간자[4]

해 핵자끼리 결합하게 되며 이 '핵력의 장'을 매개하는 입자가 **중간자**meson이다. 그림 6-6처럼 양성자는 양의 전하를 띤 중간자를 방출하고 중성자로 바뀐다. 중성자는 이 중간자를 받아 양성자로 바뀐다. 이러한 중간자의 교환 때문에 힘이 작용한다고 생각해서 핵력은 '중간자 교환력'이라고도 불린다.

중간자의 존재는 1934년에 **유카와 히데키**(湯川秀樹, 1907~1981)가 이론적으로 예측했는데, 당시에는 보어를 비롯해 새로운 입자의 도입에 부정적인 물리학자가 많았다. 핵자 간에 중간자를 교환한다는 생각은 그만큼 대담하고 획기적인 착상이었다. 중간자의 질량은 이론적으로 전자의 200배 정도로 예상됐다. 그리고 1947년에 이르러 우주선이 관측되면서 예상대로 **π중간자**가 발견됐다. 중간자 이론이 발표되기 전해에 유카와 집안에 장남이 태어났다. 내 천川 자 모양으로 자는 가족들 사이에 아이가 있다고 해서 '중간자'를 생각해냈다는 우스갯소리를 들은 적이 있다.

# 7장

# 관성력의
# 재검토

뉴턴 역학의 시작점에서 관성력(관성 저항이라고도 한다)은 '가해진 힘에 대한 저항력'이라고 정의했었다. 7장에서는 이 관성력이라는 기본적인 발상을 재차 다룬다. 고등학교에서는 관성력을 '겉보기 힘'이라고 배운다. '겉보기 힘'인 관성력이 왜 전철이 출발할 때는 실제 힘처럼 느껴질까? 사실 관성력은 뉴턴에서 마흐를 거쳐 아인슈타인까지 고민에 빠뜨린 심오한 개념이었다.

## 친숙한 '관성력'

관성력은 일상에서 경험할 수 있는 역학 현상이다. 전철이나 버스를 탔을 때 가속하면 앞뒤로 힘을 받고 커브를 돌 때는 좌우로 힘을 받는다. 엘리베이터에서는 위아래로 힘을 받는다. 이러한 관성력은 등속도 운동을 유지하려는 물체 고유의 '저항력'이며, 항상 가속 방향과 반대 방향으로 작용한다.

'원심력'은 회전 운동에서 나타나는 관성력으로, 원 안쪽으로 휘어지려고 하는 가속도 운동에 저항해 바깥 방향으로 작용한다. 예를 들어 커브를 도는 자전거는 차체가 바깥쪽으로 휘고, 운전자의 몸도 자전거 안쪽에서 바깥쪽으로 당겨진다.

그런데 자전거는 차와 달리 핸들을 미리 꺾어서 커브를 돌지 않는다. 극단적으로 속도가 느린 경우를 제외하고 자전거 핸들을 억지로 꺾으면, 차체가 반대 방향으로 쏠려서 안정성을 잃고 만다.

자전거에서 내려 손으로 안장을 앞으로 밀어보면 차체가 기울어진 상태(뱅크라고 한다)에서는 핸들(스티어링)이 자연스럽게 기울어진 쪽으로 꺾인다. 바로 셀프 스티어링(셀프 스티어)이라는 현상이다. 즉 자전거는 '차체를 기울여서' 커브를 돈다. 또 차체와 함께 몸을 커브 안쪽으로 기울이면(그림 7-1) 몸의 축이 중력과 원심력이 더해진 '합

**그림 7-1** 자전거를 타는 아인슈타인[1]

력'의 방향(두 힘의 대각선 방향을 사진에 그려보자)과 일치한다. 이 때
문에 안정적으로 커브를 돌 수 있다.

빠르게 달리는 로드 바이크는 커브를 돌 때 페달을 멈추고 안
쪽 페달을 들어 지면과의 접촉을 피하면서 바깥쪽 페달에 하중
을 싣는 것이 기본 자세이다. 또 몸을 바이크보다 더 기울인 자
세(린 인)로 타이어를 미끄러뜨리지 않고 속도를 올리거나, 반대
로 몸을 바이크보다 세운 자세(린 아웃)로 간단히 돌 수도 있다.
어떤 경우든 몸의 중심과 바이크의 접지점을 연결한 방향은 운
동으로 발생한 원심력과 중력의 합력 방향과 일치한다(그렇지 않
으면 자세가 불안정하다).

몸으로 직접 관성력을 느껴보고 싶다면 놀이동산에 가보자.
대형 놀이동산은 말 그대로 '관성력 테마파크'이다. 전형적인 예
가 롤러코스터인데, 일본에는 최대 가속도가 6(중력 가속도 $g$의 6배
라는 의미)인 롤러코스터도 있다. 그밖에도 원심력이나 코리올리

**그림 7-2** 스위치 피치[2]

의 힘을 경험할 수 있는 놀이기구도 있다.

관성력은 장난감에도 이용된다. 호버맨사Hoberman Designs, Inc.
에서 만든 스위치 피치switch pitch라는 공은 회전시키거나 위로
던져 공에 가속도를 부여하면 바깥쪽과 안쪽이 뒤바뀌면서 색
이 변한다(그림 7-2). 미니 스피어mini sphere도 밤송이 모양의 물체
를 돌리면 포개진 부분이 바깥으로 펴지면서 커다란 공이 된다.
물체가 움직일 때 관성력이 어떻게 작용하는지 생각해보면 재
미있을 것이다.

## '겉보기 힘'으로서의 관성력

5장 앞부분에서 설명한 돌의 낙하에서 배가 가속하는 경우를 생
각해보자. 배가 일정한 가속도 $a$(acceleration의 머리글자)로 움직이
기 직전에 돛대에서 돌(그림 7-3에서는 사과)을 초속 0으로 떨어뜨
린다. 바다 위에서 보면 돌은 바로 밑으로 일정한 중력 가속도 $g$
로 낙하할 뿐이다(그림 7-3).

한편 배 위에서 보면 질량이 $m$인 돌에는 $-a$의 가속도가 가
해지기 때문에 '관성력'이 뒤쪽으로 작용한다. 돌은 중력 $mg$와
관성력 $-ma$가 더해진 합력의 방향, 즉 $\frac{a}{g}$ 각도로 뒤쪽을 향해
비스듬히 떨어진다(그림 7-3 아랫부분).

가속도가 있는 일반 좌표계(비관성계)를 **가속계**라고 한다. '가속

중인 선상에서 본다'는 시점의 변환이 가속계로의 좌표 변환이 되는 것이다. 돌에 관성력이 작용한다고 했지만 배로부터 작용을 받은 것이 아니므로 돌이 배에 가하는 반작용도 없다.

관성력은 '겉보기 힘'이며 실재하는 힘(본래의 힘)이 아니다. 그러나 '겉보기 힘'이라고 무시해도 된다는 뜻은 아니다.《물리학 사전》에서 '관성력' 항목을 찾으면 첫머리에 이런 내용이 나온다.

가속도 $a$로 운동하는 좌표계(비관성계)에서 보면 정지한 물체는 가속도 $-a$로 움직이는 것처럼 보인다. 여기서 물체에는 아

**그림 7-3** 가속계의 경우

무런 힘도 작용하지 않는데 가속도가 발생하므로 운동의 법칙이 성립하지 않는다. 이때 가속도를 발생시키는 힘을 가정해서 관성력이라고 한다. 관성력은 다른 물체와의 상호 작용 속에서 발생하는 힘이 아니므로, 관성력을 미치는 다른 물체도 없거니와 반작용도 없다. 뉴턴 역학에서 보면 관성력은 좌표 변환에 따라 도입해야 하는 것이며, 물체에 작용하는 현실의 외력과 구별해 겉보기 힘이라고도 한다.[3]

이 명쾌한 설명에 따르면 관성력은 가속계로 좌표 변환을 할 때 편의상 도입되는 것에 불과하다. 고등학교 물리에서도 '관성력을 도입하면 문제가 쉽게 풀린다' 정도로만 다룰 것이다. 앞의 문제를 다시 생각해보면 바다 위에서 볼 때는 두 물체(돌과 배)의 이동 거리를 각각 구해야 하지만, 배 위에서 볼 때는 하나의 물체(돌)에 대한 중력과 관성력만 합성하면 쉽게 같은 결과를 얻을 수 있다. 그러나 가속계는 상대론에 심각한 문제를 던진다. 지금부터 그것을 설명하려고 한다.

## 가속계는 상대적이지 않다?

가속도는 속도와 마찬가지로 상대적으로 측정할 수 있다. 예를 들어 열차가 역에 정차했을 때, 옆 노선에 반대 방향으로 가는 열차가 정차 중이라고 해보자. 창밖으로 보이는 열차가 움직이기 시작할 때 자신이 탄 열차가 출발한다고 착각한 적이 있을 것이다. 그렇다면 가속계에서도 상대성원리가 성립한다고 생각해도 될까?

관성계인 선로에서 전철 A가 가속도 $a$로 진행 방향을 향해 가속 중이라고 하자(그림 7-4). 플랫폼에 정차 중인 전철 B는 관성계이고, 전철 A는 가속계이다. 전철 A 안에 선 승객은 뒤쪽 방향으로 관성력이 작용해서 뒤로 넘어지려고 한다. 전철 B에서 보면 전철 A의 승객은 관성의 법칙에 따라 같은 자리에 있으려고 하지만 다리만 전철에 끌려가는 결과가 발생한다.

문제가 되는 것은 전철 A에서 전철 B를 볼 때이다. 전철 A에서 본 전철 B의 가속도는 상대적으로 $-a$이다. 상대성이 성립한

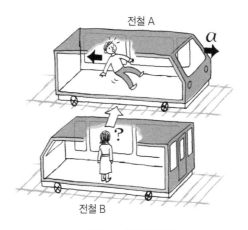

**그림 7-4** 가속하는 전철

다면 A에서 B를 봤을 때의 모습은 B에서 A를 봤을 때의 모습과 같아야 한다(5장 참고). 즉 전철 A가 '관성계'이고 전철 B는 '가속계'가 돼야 하는데, 관성력으로 이 사실을 뒷받침하는 것은 어렵다. 전철 A에서는 전철 B가 가속하는 것처럼 보여도 전철 B의 승객이 뒤로 넘어질 것처럼 보이지는 않는다(전철 A와 승객 B를 끈으로 연결하면 이야기는 달라진다).

즉 관성력은 관성계가 아니라 가속계에서 생기는 것이다. '관성'이라는 단어가 헷갈린다면 가속하는 전철이나 엘리베이터를 탔을 때 관성력을 느꼈던 경험을 떠올려보자.

뉴턴 역학에서는 전철 A처럼 관성력이 생기는 계를 진짜 가속계로 보고, 서로 상대적인 관성계와는 엄밀히 구별한다. 즉 '가속계는 절대적이며 상대적이지 않다'라고 가정하고 '가속계에서는 피차일반이 아니다'라고 깔끔히 인정하는 것이다. 하지만 아인슈타인은 가속계에서도 상대성을 버리지 않고 완전히 새로운 해결책을 제시했다. 이 놀라운 발상을 설명하기에 앞서 뉴턴 역학으로 어디까지 모순 없이 나아갈 수 있는지 확인해보자.

## 왜 '겉보기 힘'이 느껴질까?

우리는 어떻게 '겉보기 힘'인 관성력을 체감할 수 있을까? 가속 중이거나 감속 중인 전철 안의 승객이 관성력을 체감하려면 몸의 일부가 전철에 닿아야만 한다. 몸이 닿으면 당겨지거나 압박 되는 느낌을 받을 수 있다.

'관성의 법칙'으로 관성력을 체감할 수도 있다. 예를 들어 자 전거를 타다 급브레이크를 밟아 감속하면(뒤쪽 방향으로 가속도를 가 한다) 몸 앞쪽으로 강한 관성력이 작용해서 몸이 앞으로 튕겨나 간다. 만약 로드 바이크라면 평지에서 시속 30km의 속도를 내 는 것은 쉽지만, 이 속도에서 급브레이크를 밟으면 크게 다칠 것 이다. 주행 속도에 맞게 재빠르고 안전하게 브레이크 밟는 방법 이나, 중심을 최대한 뒤로 이동시키는 방법을 익혀두는 것이 좋 다. 일반 자전거를 탈 때도 반드시 헬멧을 착용해서 소중한 뇌를 보호하자.

전철이나 버스의 경우, 경험이 적은 운전기사는 급발진이나 급정거를 자주 하기 때문에 체감되는 관성력이 크다. 숙련된 기 사는 가속도를 작게 유지하기 위해 조금씩 가감하면서 운전을 한다. 남이 운전하는 차에 타면 그 사람의 숨겨진 성격을 알 수 있다고 하는데, 이는 액셀이나 브레이크를 밟는 방식과도 관련 이 있을 것이다. 한편 액셀을 밟으면서 핸들을 꺾으면 원심력 때 문에 차를 제어하기 어렵다. 액셀을 밟지 않고 핸들을 돌리는 것 이 기본이므로 기억해두자.

우리가 바닥이나 지면에 섰을 때 느끼는 '체중'이라는 감각은 바닥이 다리를 미는 힘, 즉 '수직 항력'의 크기에 크게 좌우된다. 수직 항력은 다리가 바닥을 미는 힘에 대한 반작용이며, 몸 전체에 작용하는 중력과 크기와 방향이 같다(4장의 '힘의 평형'을 참고).

이번에는 엘리베이터로 생각해보자. 상승하기 시작한 엘리베이터 안에서는 가속도 $a$로 올라오는 바닥이 다리를 밀어붙인다. 몸은 관성의 법칙 때문에 같은 자리에 머무르려고 한다는 것을 떠올려보자. 이 때문에 질량이 $m$인 몸을 미는 힘 $ma$는 위쪽으로 작용한다. 이 수직 항력이 증가한 만큼 체중이 늘었다고 느끼게 된다. 이것이 아래 방향의 관성력을 느낄 수 있는 이유이다.

엘리베이터가 위층에 도착할 때나 하강하기 시작할 때는 앞에서 한 설명이 전부 반대로 적용된다. 일본의 법령에 따르면 엘리베이터 제동 장치의 최대 가속도는 수직 방향으로 $1g$이다. 엘리베이터 안에 체중계가 있으면 체중과 관성력이 더해진 중량을 간단히 측정할 수 있으므로 체중이 궁금한 사람은 실험해보기 바란다. 좋은 소식과 나쁜 소식 모두 들을 수 있을 것이다.

## 우주선 안팎은 왜 '무중력'일까?

우주 시대에 걸맞게 텔레비전에서 '우주를 유영하는' 모습을 볼 기회가 늘었다(그림 7-5). 그런데 왜 우주선 안팎은 **무중력**(무중량 상태)일까? 우주 공간을 날아다니니 당연한 이야기일까?

ISS(국제 우주 정거장)의 지상 고도는 겨우 278~460km이다. 이 고도에서는 지상의 중력이 87~92퍼센트나 존재한다. 덧붙여

여객기의 비행 고도는 약 1만m, 즉 10km 정도이다. 이보다 고도가 높으면 공기가 희박해서 제트 엔진이 연소하기 어렵다.

중력이 10퍼센트쯤 줄어든 정도로는 무중력이라고 할 수 없다. 그런데 어떻게 대기권 밖(약 100km 이상)의 로켓에 탄 우주비행사들은 선내에서 '우주 유영'을 할 수 있을까?

예를 들어 로켓은 달에 가는 경우라도 지구의 자전 방향과 같은 동쪽 방향으로 날아가 연료를 절약하며 일단 지구의 대기 궤도에 들어간다. 그러면 우주비행사들에게 작용하는 중력이 원심력과 평형을 이루어 발사된 지 약 8분이면 '무중력' 상태가 된다.

생생한 무중력을 체험하려면 지구나 태양의 중력권으로부터

**그림 7-5** 생명줄 없이 진행된 우주 유영[5]으로 매우 드문 경우다.

충분히 멀어져야 하는데, 그렇게 멀어지는 것은 현실적으로 어렵다. 우주비행사 훈련에서는 중력을 없애기 위해 관성력을 이용한다. 훈련용 비행기에 훈련생들을 태우고 급상승을 하다가 엔진을 끈다. 그러면 비행기는 공을 위로 던졌을 때처럼 그대로 잠시 상승하다 최고 고도에 다다르면 낙하하기 시작한다. 엔진이 꺼진 약 20초 동안 훈련생들에게 작용하는 중력은 관성력(중력과 반대 방향이고 거의 같은 크기)과 평형을 이루어 '미소 중력 상태'가 된다. 비행기가 엔진을 껐을 때의 높이로 되돌아오면 다시 엔진을 켠다.[5] 완벽한 '무중력' 상태가 되지 않는 이유는 비행기 기체에 공기 저항이 작용하기 때문이다.

ISS는 시속 2만 8000km(초속 7.7km)의 매우 빠른 속도로 지구 주위를 등속 원운동한다. 지구의 원주는 약 4만km이므로, 지표 가까이를 비행하는 ISS가 지구를 한 바퀴 도는 데는 1시간 30분 정도밖에 걸리지 않는다. ISS의 고도와 속도로부터 발생하는 원심력이, 그 고도에서 작용하는 지구의 중력과 정확히 평형을 이루어 장기간 동안 '무중력'이 실현된다. 우주를 유영하는 우주비행사가 우아하게 '부유'하는 것처럼 보일지도 모르겠지만, 지상에서 보면 탄환을 뛰어넘는 속도로 나는 것이다.

중력이 원 궤도를 만들어낸다는 뉴턴의 사고실험을 떠올려보자. 대기권 밖에 있어서 공기의 저항을 받지 않는 인공위성이나 ISS는 궤도를 수정하기 위한 동력 외에는 쓰지 않고 달처럼 중력만으로 지구 주위를 돈다.

일본의 기상 관측 위성인 '히마와리'처럼 지구에서 항상 같은 위치에 보이는 '정지 위성'은 지구의 자전과 동일한 각속도(시간 변화당 회전각의 변화)로 원 운동을 해야 한다. 위성의 고도와 각속도로부터 발생하는 원심력이, 그 고도에서 작용하는 지구의 중력과 정확히 평형을 이루어야 위성은 일정한 고도를 유지할 수 있다. 따라서 정지 위성의 지상 고도는 3만 5786km로 정해져 있다. 이는 ISS의 100배에 해당하는 높이로, 매우 먼 '유배'이다.

이처럼 위성이나 화물, 우주비행사들을 필요한 고도와 속도에 맞게 운반하는 것이 로켓의 일이다. 로켓은 제트기처럼 연료를 태워 가스를 분사하는 '작용'에 대한 '반작용'을 이용해서 전진한다. 많은 이들이 오해하듯이 제트기는 공기를 뒤로 밀면서 전진하지 않는다.

한편 제트 엔진은 공기를 빨아들여서 연료를 태우지만, 로켓 엔진은 산소를 발생시키는 산화제가 있어서 공기가 없어도 연소가 일어난다.


## 뉴턴의 양동이

절대 운동에 대한 탐구를 이어가던 뉴턴은 원심력에 깊은 관심을 가졌다. 원심력과 같은 관성력의 존재가 절대 운동의 확실한 증거가 된다고 여겼기 때문이다.

뉴턴은 《자연철학의 수학적 원리》에 주석을 달아 '양동이 실험'을 소개한다.[6] 물이 담긴 양동이를 긴 끈에 매단 뒤 끈을 팽팽히 꼬았다가 놓으면 양동이는 회전한다(그림 7-6). 이때 회전 속도는 일정하다고 하자. 처음에 수면은 평평하고 관성 때문에 물이 거의 회전하지 않는다. 이 사실은 찻잔에 물을 담아 뭔가 표시가 될 만한 것을 띄운 뒤 돌려보면 간단히 확인된다.

그러나 물은 점성이 있기 때문에 회전하는 양동이의 벽(이하 벽)과 물 사이에 마찰력이 발생한다. 이 때문에 물은 점점 벽을 타고 오르면서 회전하기 시작한다. 즉 물과 벽의 상대 운동이 점점 작아져서 0에 가까워진다. 그러면 회전하는 물에 원심력이 생기기 때문에 물이 안쪽에서 바깥쪽으로 쏠려서 수면이 오목해진다(그림 7-6).

물에 작용하는 원심력은 물과 벽의 상대 운동이 작아질수록

**그림 7-6** 뉴턴의 양동이

커지므로, 물과 벽의 상대 운동은 원심력의 원인이 아니다. 즉 수면이 오목해지는 현상을 통해 원 운동이라는 '절대 운동'을 알 수 있는 것이다. 이것이 이 장을 시작할 때 '가속계는 절대적이며 상대적이지 않다'고 가정한 근거이다. 4장에서 설명했듯이 뉴턴은 '가속도를 가진 절대 운동을 특별하게 다룬다'라는 분명한 의도를 가지고 운동의 법칙을 이끌어냈다.

관성력은 가속도 운동을 하는 계(가속계)에서만 나타난다. 다시 말하면 관성력이 없으면 관성계, 있으면 가속계(비관성계)가 된다. 즉 관성력이 있는 가속계에 '절대적인 운동이 있다'라고 한다면, 관성력이 없는 관성계에는 '절대적인 운동이 없어야 한다'. 즉, 관성계는 '절대적으로 움직임이 없는 상태'가 되는 것이다. 따라서 '절대적으로 움직임이 없는 존재'인 절대공간도 인정해야 한다는 것이 뉴턴 역학의 주장이었다. 하지만 여기에는 중대한 난점이 있다.


## 마흐의 뉴턴 역학 비판

**에른스트 마흐**(Ernst Mach, 1838~1916)는 물리학 역사상 가장 유명한 회의론자이다. 마흐는 '절대적인 관성계'의 존재가 전혀 입증되지 않았다며 뉴턴 역학의 불완전성을 꼬집었다. 마흐에 따르면 가속도 운동을 포함한 모든 운동은 상대적이며 움직이지 않는 관성계는 존재하지 않는다.

또한 원심력은 절대 운동에서 발생하는 것이 아니라 다른 모든 천체에 대한 상대적인 회전 운동에 의해서 발생한다는 가능성을 지적했다. 이 논의는 뉴턴의 양동이 실험을 바탕으로 다음과 같은 기상천외한 '사고실험'에 근거한다.[7]

1. 양동이와 물이 정지된 상태에서 지구나 다른 모든 천체를 상대적으로 회전시키면 원심력이 발생해 수면이 오목해질까?
2. 양동이와 물이 동시에 회전할 때, 양동이의 벽을 두껍게 늘리다가 마지막에 모든 천체를 벽에 포함시켜 돌리면 수면은 오목한 상태를 유지할까?

마흐는 실험 1에서는 '그렇다', 실험 2에서는 '아니다'라고 답하고 싶었을지도 모르나 애매모호한 기술밖에 남기지 않았다.[8] 더구나 실험의 규모가 너무 커서 실증할 방법이 없었다. 다만 뉴턴역학에 내재된 문제점이 드러났다는 것만은 분명했다.

## 아인슈타인의 등가 원리

아인슈타인(그림 7-7)은 1905년에 특수상대성이론을 발표한 이후, 상대론을 '특수'한 관성계에서 '일반' 가속계로 확장시키는

**그림 7-7** 교토에서 아인슈타인 (당시 43세).
하마모토 히로시 촬영, 사사키 노리코 제공.

연구를 척척 진행해나갔다. 아직 아무도 걸어간 적 없는 가시밭 길이었다.

그는 이때 균일한 중력장이라는 발상에서 첫 힌트를 얻는다. **균일한 중력장**이란 넓은 들판처럼, 눈에 보이는 모든 곳에 아래 방향으로 일정한 가속도 $g$가 작용하는 공간이다. 그림 7-8의 왼쪽과 같은 관성계를 생각해보자. 아래쪽에 지면(중력원)을 가정하고 위쪽 방향으로 $z$축을 놓는다. 그러면 질량(중력 질량)이 $m$인 물체에는 균일한 중력 $-mg$가 아래 방향으로 작용한다.

이어서 공간적으로 일정한 가속도를 가진 운동, 즉 '균일한 가속도 운동'을 생각해보자. 여기서 다시 **관성력의 장**이라는 새로운 발상이 도입된다. $z$축 방향으로 가속도 $g$로 운동하는 균일한

가속계가 있을 때(그림 7-8의
오른쪽), 질량(관성 질량)이 $m$
인 물체에 작용하는 관성력
$-mg$가 주변에 균일한 힘의
장을 만든다고 생각할 수
있다.

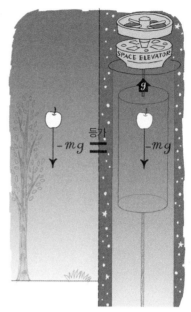

그러면 중력이 작용하는
왼쪽 관성계와 관성력이 작
용하는 오른쪽 가속계에서
관측되는 물리 현상은 완전
히 같다. 그렇다면 두 계는
전혀 구별할 수 없을 것이

**그림 7-8** 등가 원리란?

라고 아인슈타인은 생각했다. 관성계와 가속계가 본질적으로 구
별되지 않는다면 뉴턴처럼 가속계를 '절대적'으로 보는 것은 오
류이다.

이처럼 대담하고 망설임 없는 사고에 근거하여 아인슈타인은
1907년 논문에서 다음과 같은 착상을 처음으로 분명히 밝혔다.

지금부터는 중력장과 이에 상응하는 좌표계의 가속도가 물리
적으로 완전히 등가라고 가정하기로 한다. 이 가정은 좌표계
가 균일하게 가속되는 병진운동을 하는 경우에 상대성원리를
확장한다는 것이다.[9]

이 착상은 훗날 **등가 원리**로 불리며 상대론을 일반화하는 데 중요한 공헌을 한다. 1907년에 아인슈타인은 이미 이것을 예견했다. 아인슈타인은 등가 원리 개념을 "내 인생에서 가장 근사한 생각"이라고 표현했다.[10] 등가 원리는 다음과 같은 명제이다.

> 균일한 가속도 운동에 의한 관성력의 장과 공간적으로 균일한 중력장은 등가이다.

쉽게 말해 등가 원리는 관성력을 '실재하는 중력'으로 봐도 된다는 뜻이다.


## 관성 질량과 중력 질량의 등가성

좁은 의미에서 등가 원리는 '관성 질량과 중력 질량은 엄밀하게 같다'라고 표현할 수 있으며, 본래의 등가 원리로부터 바로 증명이 가능하다. 먼저 '관성 질량 × 가속도 = 중력 질량 × 중력 가속도'라는 뉴턴 역학의 관계를 떠올려보자. 본래의 등가 원리로부터 '가속도 = 중력 가속도'가 보증된다. 따라서 '관성 질량 = 중력 질량'이 되는 것이다. 빛의 속도는 지구의 공전 운동에 좌우되지 않는다는 '마이컬슨-몰리의 실험' 결과가 아인슈타인의 사고에 영향을 미치지 않았던 것처럼(5장 참고), '외트뵈시 등의 실험'(4장 참고) 또한 등가 원리의 전제가 되지 않았다.

또한 '중력이 만드는 가속도는 물체에 상관없이 일정하다'라는 것이 바로 증명된다. 지상의 장소에 한해서는 근사적으로 균일한 중력장이라고 생각해도 된다. 등가 원리에 따라 이 장은 균일한 가속도 운동에 의한 관성력의 장과 같다. 즉 모든 물체는 일정한 가속도 $g$로 운동하게 된다. 이로부터 물체의 낙하 시간이 중량과 관계없다는 '낙하의 법칙'도 설명된다.

앞서 2장에 '무거운 물체에는 큰 중력이 작용한다. 만약 공기 저항이 없다면 무거운 물체일수록 중력이 크게 작용하여 낙하 속도가 빨라지지 않을까?' 하는 문제가 있었다. 중력은 분명 중력 질량에 비례하지만, 모든 물체는 일정한 가속도 $g$로 낙하하는 것이 맞다.

등가 원리의 등장으로 겉보기 힘이라는 표현은 이미 의미를 잃었다. 지금까지 겉보기 힘으로 다뤘던 관성력은 균일한 장으로서 작용하는 중력과 체질적으로 구별할 수 없기 때문이다. 등가 원리는 이 책 2장에서 설명한 '원리'이며, 모든 운동 법칙의 기본이 되는 발상이다.

## 아인슈타인의 엘리베이터

앞서 엘리베이터에서 관성력을 경험할 수 있는 이유를 설명했

는데 등가 원리를 이용하면 단
번에 설명이 끝난다. 상승하기
시작한 엘리베이터에서는 가
속도 운동에 의한 관성력의 장
과 중력장이 등가이므로, 아래
쪽으로 중력이 증가해 체중이
늘었다고 느끼게 된다.

**그림 7-9**  아인슈타인의 엘리베이터[11]

위층에 도착하거나 하강하
기 시작할 때는 가속도가 아래
쪽으로 작용하므로 중력이 줄어들게 된다. 극단적인 경우는 엘
리베이터가 자유 낙하할 때로, 엘리베이터 안이 무중력 상태가
된다(그림 7-9). 엘리베이터는 등가 원리를 가장 단적으로 설명해
주기 때문에 '뉴턴의 사과'처럼 '아인슈타인의 엘리베이터'라고
불린다. 다만 사과는 떨어지는 것이 섭리지만 엘리베이터는 떨
어져서는 안 된다.

관성력에 의한 등가 원리의 효과가 엘리베이터와 같은 폐쇄
적인 공간에서만 나타난다고 오해하기 쉽다. 앞에서 엘리베이터
안이 무중력 상태가 됐던 것은 엘리베이터와 함께 낙하하는 물
체가 엘리베이터 안에 있을 때뿐이다. 엘리베이터 바깥에서 엘
리베이터와 같은 가속도로 운동하는 물체라면 전부 같은 등가
원리의 효과를 가정해도 된다. 이는 엘리베이터뿐 아니라 전철
등의 탈것에서도 마찬가지이다.

## 등가 원리를 사용한 문제 해결

조금 전 하나의 전철이 가속할 때 문제가 됐던 전철 A와 전철 B의 상대성을 등가 원리로 해결해보자.

가속도 $a$로 가속 중인 전철 A에서는 등가 원리로 인해 균일한 중력장이 발생한다(그림 7-10). 이 경우 가속도와 반대인 뒤쪽으로 '중력'(관성력과 등가인 중력은 작은따옴표를 붙여 나타낸다)이 발생하므로 중력원(그림 7-10 왼쪽의 원호)은 전철 A의 뒤쪽에 있는 것과 같다. 이때 전철 A는 중력에 맞서 정지한 관성계로 볼 수 있다. 전철 A 안에 선 승객은 뒤쪽으로 '중력'을 받기 때문에 다리만 전철에 남고 몸은 뒤로 쓰러지려고 한다.

즉 전철 A라는 관성계를 제외한 모든 것이 동일한 '중력'의 영

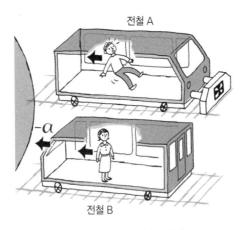

그림 7-10 등가 원리로 해결

향을 받는다. 따라서 전철 A의 승객이 전철 B를 볼 때, 전철 B와 승객 등은 동일한 '중력'을 '함께' 받아 가속도 $-a$로 '낙하하는' 가속계이다. 전철 B의 승객은 다리만 전철에 끌려가는 일이 없으므로 넘어지지 않는다(바닥 쪽에 지구의 중력이 존재하므로 자유 낙하하는 엘리베이터와 같은 상황은 일어나지 않는다). 이로써 가속계에서도 상대성을 다룰 수 있게 됐다.

## 국소 관성계와 비균일한 중력장

실제 지구의 중력은 지상에서 상공으로 멀어질수록 약해지므로, 지상에서 균일한 중력장이라고 볼 수 있는 부분은 한정된다. 그렇다면 균일한 중력장으로 한정한 등가 원리만으로는 비균일한 중력장을 다루지 못하는 것은 아닐까? 그러나 중력장이 균일하지 않더라도 어떤 국소적인 공간에서 생각하면, 중력을 그와 같은 방향의 가속도 운동으로 없앰으로써 무중력 상태로 만들 수 있다. 등가 원리에 근거한 이 조작은 시간을 정하고 시행해도 된다. 즉 시공간의 각점에서 가속계로 좌표 변환을 함으로써 중력장을 없앤 **국소 관성계**를 만들어낼 수 있다.

아인슈타인의 엘리베이터를 이용하여 균일한 중력장과 비균일한 중력장의 차이를 설명해보자. 먼저 균일한 중력장은 엘리베이터 안팎 어디서든 균일하게, 아래쪽으로 $-g$의 중력 가속도가 작용하는 중력장이다(그림 7-11 왼쪽). 이것은 엘리베이터가 위쪽으로 *g*의 가속도를 가지는 것과 등가이다.

한편 천체의 만유인력으로 발생하는 강한 중력장 부근에서는, 중력원에 가까울수록 중력이 강하고 멀어질수록 약해지는 **비균일한 중력장**이 생긴다(그림 7-11 중간). 이 때문에 중력과 더불어 하나의 물체에서 천체로부터 먼 쪽과 가까운 쪽(즉 위아래)에 반대 방향으로 끌어당기는 **조석력**이 발생한다(그림 7-11 오른쪽). 앞으로 설명하겠지만, 조수 간만과 같은 작용이기 때문에 일반 물체에 대해서도 조석력이라는 용어를 사용한다. 그리고 이 조석력의 유무에 따라 균일한 중력장과 비균일한 중력장의 차이를 구별할 수 있다.

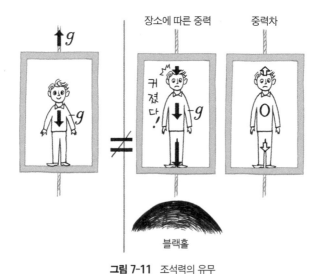

**그림 7-11** 조석력의 유무

그림을 보면서 왜 조석력이 위아래로 끌어당기는 힘이 되는지 알아보자. 먼저 천체와 가까운 쪽인 다리에 작용하는 중력은 몸 정중앙에 작용하는 중력보다 강하기 때문에 몸과 상대적으로 아래쪽으로 당겨진다. 마찬가지로 천체에서 먼 쪽인 머리에 작용하는 중력은 몸 정중앙에 작용하는 중력보다 약하기 때문에 상대적으로 위쪽으로 당겨진다. 목성은 지구보다 중력이 2.5배나 강하므로 목성에서 생활하면 조석력 때문에 키가 커질지도 모른다.

또 토성의 고리는 부드러운 물질로 이루어진 위성이 토성의 조석력 때문에 세로로 분열한 뒤 그 잔해가 토성의 주위를 돌면서 고리 형태로 퍼진 것으로 여겨진다.

한편 상상을 초월할 만큼 중력이 강한 블랙홀 주변은 매우 '위험하다'. 블랙홀에 빠지면 돌아올 수 없어서가 아니다. 블랙홀에 가까이 다가가는 것만으로도 매우 강력한 조석력 때문에 대부분의 물체가 세로로 늘어나다 결국 분열돼버리기 때문이다.


## 조석력의 효과

지구의 바다에서는 달의 인력으로 발생하는 조석력 때문에 조수 간만이 일어난다. 그림 7-12를 보면 직감적으로 달과 가까운 쪽의 바다가 달과 반대쪽에 있는 바다보다 인력이 강하므로 전

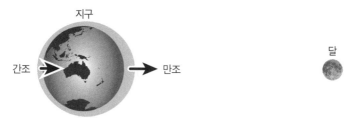

**그림 7-12** 조수 간만의 원인은 인력?

자에 만조, 후자에 간조가 발생한다고 생각할 수도 있으나 틀렸다. 어느 부분이 잘못됐을까?

이 직관에서는 지구도 달에 끌린다는 사실이 간과됐다. 정확하게는 그림 7-13처럼 된다. 달의 인력 크기를 그림 속 화살표로 나타내면 달과의 거리에 따라 $a<b=c=d<e$의 순서가 된다.

이때 $c$는 지구의 중심에 작용하는 달의 인력이다. 조수 간만을 생각할 때는 지구에 작용하는 이 인력을 관성력으로 빼줘야 한다. 그러면 $a-c<0$(달과 반대 방향)과 $e-c>0$(달의 방향)이 되어, 달과 먼 쪽의 해수와 가까운 쪽의 해수에서 반대 방향으로 힘이 작용하게 된다(그림 7-13 아래).

이것이 해수 전체를 세로로 잡아 늘이는 조석력이다. 그러므로 $a$와 $e$ 모두에서 만조가 되고 $b$와 $d$에서는 간조가 된다.

지구는 하루에 한 바퀴 자전하므로 만조와 간조를 하루에 두 번씩 반복한다고 예상할 수 있다. 하지만 달 또한 지구를 공전하고 공전 방향이 지구의 자전 방향과 일치하므로 어느 한 지점에서의 간만 주기는 한나절인 12시간이 아니라 평균 약 12시간

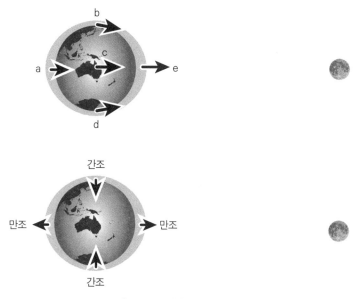

**그림 7-13** 조석력에 의한 조수 간만

25분으로 약간 길어진다.

또한 보름과 그믐 무렵에는 지구와 달이 이어지는 방향에 태양이 오기 때문에 태양의 조석력까지 더해져 조수 간만의 차가 커진다(태양이 지구와 달의 어느 쪽에 있는지는 묻지 않는다). 이것이 **대조**(사리)이다. 단 태양의 조석력은 달의 조석력의 절반 정도에 불과하다.

이 문제는 달이 지구에 항상 같은 면만 보여주며 공전하는 이유를 묻는다. 이 문제를 이해하려면 '달의 공전 주기와 자전 주기가 일치하는 이유는 무엇인가'라는 설정을 버려야만 한다. 여기서는 '왜 같은 면만 지구에 보여주는 것이 안정적인가'라고 바꿔 생각하면 힌트를 얻을 수 있다.

달이 만들어졌을 때 그 내부는 유동적이었다고 가정한다. 밀도가 높은 물질일수록 중력에 끌려 가라앉기 쉽다. 통상대로라면 밀도가 높은 물질은 달의 중심을 향해 가라앉으므로 물질의 분포는 구 대칭을 이룬다. 그러나 지구의 강한 조석력 때문에 달은 위아래(지구 쪽과 지구 반대쪽)로 늘어날 뿐 아니라 밀도가 높은 물질일수록 지구 쪽으로 끌려가게 된다. 따라서 달의 내부 밀도는 지구와 가까운 쪽일수록 높다(그림 7-14).

**그림 7-14** 오뚝이 같은 달

그러면 달은 마치 '오뚝이'처럼 밀도가 높고 무거운 쪽을 지구로 향하게 하고, 여기서 약간 벗어나면 반드시 원래 위치로 돌아가려고 한다. 원 궤도를 직선으로 펼쳐서 생각해보면 중력이 수평면에 대해서 연직 방향이 되므로 이해가 쉽다. 즉 달은 무거운 쪽을 지구에 향하게 함으로써 안정을 유지하는 것이다.

▶ **스스로 생각해볼 문제 2(3장)의 답** ◀

달의 앞면(지구에 면한 쪽)에 비해 뒷면이 크고 작은 다양한 크레이터로 뒤덮인 이유를 묻는 문제였다. 달의 앞면에 크레이터가 적은 것은 운석 등과의 충돌이 비교적 적었기 때문일 것이다. '바다'라고 불리는 거대한 평지(토끼로 보이는 어두운 부분)는 용암이 대규모로 흘러나와 형성됐다고 한다. 한편 달의 뒷면은 달의 궤도 바깥쪽을 향했기 때문에 외부에서 다가오는 운석 등의 충돌을 피하지 못하고 무수한 크레이터가 만들어졌을 것이다. 만약 달의 앞면을 향해 운석이 떨어진다면 지구의 중력 때문에 운석은 지구로 떨어질 것이다. 달이 뒷면으로 운석을 빈틈없이 받아낸 덕분에 지구의 환경이 지켜질 수 있었던 것일지도 모른다.

또 달의 뒷면이 큰 기복을 보이는 이유는 앞면보다 부드러운 물질로 구성되어 있기 때문이 아닐까? '스스로 생각해볼 문제 1'의 답과 함께 생각해보면, 밀도가 낮은 물질이 뒷면에 집중되어서 충돌의 흔적이 더욱 뚜렷하게 남았다고 생각할 수 있다.

**문제** 목성의 위성은 67개 이상이라고 한다. 위성이 달밖에 없는 지구에 비해 목성은 많은 자녀를 둔 셈이다. 목성의 위성은 왜 이렇게 많을까? 또 그 가운데 52개는 목성의 자전 방향과 반대 방향으로 공전한다.

**답** 목성은 지구나 화성보다 바깥쪽에 위치하므로 운석이나 혜성 등에 더 많이 노출된다. 더구나 목성은 다른 행성보다 무거운 탓에 중력이 강해서 이러한 비행 물질의 바람막이가 되기 쉽다. 목성이 만들어질 때 분열한 위성은 목성의 자전 방향과 같은 방향으로 공전하지만, 비행 물질의 경우는 목성의 어느 쪽에서 왔느냐에 따라 공전 방향이 결정된다.

**질문** 아인슈타인의 마지막 생일이었던 76번째 생일을 맞아 에릭 M. 로저스(Eric M. Rogers, 1902~1990)가 선물한 퍼즐을 풀어보자.

**문제** 매달려 있는 금속 구를 백발백중으로 컵 속에 넣어라.

**지켜야 할 조건과 정보**

1. 투명한 큰 구와 투명한 관은 닫힌 상태이며 열어서는 안 된다.

2. 금속 구는 놋쇠로 만들어졌다.

3. 용수철은 이미 어느 정도 늘어난 상태이다.
   또한 구가 컵에 들어가면 약간 더 늘어날 것
   이다. 하지만 이 용수철은 무거운 금속 구를
   컵 속으로 끌어당길 만큼 강하지는 않다.

4. 막대는 길다.

5. 마구 휘두르다가 우연히 넣는 것이 아니라
   매번 반드시 성공하는 방법이 있다.

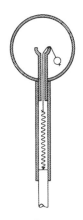

**그림 7-15**
로저스의 퍼즐[12]

마지막으로 이 책의 독자들을 위해 다음과 같은 조언을 덧붙인다.
이 퍼즐은 아인슈타인에게 선물하기 위해 만든 것이다. 실제로 아
인슈타인은 매우 기뻐했고 직접 실험을 해보며 이 문제를 풀었다
고 한다.

투명한 큰 구는 놋쇠 구에 손대지 못하게 하기 위한 장치이다. 4번
에서 말하는 막대는 이 모형의 아래쪽에 연결된 부분으로 대형 빗
자루의 손잡이 등으로 대체할 수 있다. 이 장치의 크기는 너무 크거
나 작지 않으며 보통의 방 안에서 시험할 수 있는 범위의 방법이 정
답이다.

'달인에게 부탁한다'라는 식의 대답은 정답으로 간주하지 않는다.
누구든 백발백중으로 성공할 수 있는 단순한 방법이 있다. 이어지
는 8장을 읽기 전에 잠깐 생각해보기 바란다(💡).

# 8장

# 지구에서
# 우주로

용기 안의 놋쇠 구를 컵에 백발백중으로 넣을 방법이 있다. 장치 전체를 회전시키면 어떨까? 인공위성으로부터 유추해보면 무중력이 발생한다고 생각할 수도 있다. 그러나 무중력 상태를 만들어내는 인공위성의 속도를 떠올리면 알 수 있겠지만 보통의 방에서는 중력을 없앨 만한 속도를 만들어낼 수 없다.

**답**  과학사가 코헨이 쓴 아인슈타인의 회상록에 로저스 퍼즐에 대한 해답이 있으므로 인용한다.

"그런데" 하고 아인슈타인은 말했다. "이 모형은 등가 원리를 알려줄 교재로 만든 것이군. 이 작은 구는 실에 연결되어 있어.

용수철은 구를 잡아당기지만 구를 아래쪽으로 잡아당기는 중력을 이길 만큼 강하지는 않기 때문에 구를 관[컵] 속으로 끌어당기는 것은 불가능하지."

그의 얼굴 가득히 웃음이 퍼지고 눈은 즐거움으로 반짝였다. "지금부터 등가 원리의 시작일세." 아인슈타인은 기다란 놋쇠 커튼 봉의 중간쯤으로 장치를 들어서 위로 올리더니 구를 천장에 붙였다. "이제 이걸 떨어뜨리면…… 등가 원리에 따라 무중력 상태가 되지. 그러면 용수철은 충분한 세기를 발휘해서 안쪽의 작은 구를 플라스틱 관으로 끌어들인다는 말씀." 아인슈타인은 갑자기 손을 미끄러뜨려 봉의 아래쪽 끝이 바닥에 닿을 때까지 장치를 수직으로 자유 낙하시켰다. 봉 위쪽의 플라스틱 구[투명한 큰 구]가 정확히 눈높이에 왔다. 그리고 그 순간 구는 관 속에 들어가 있었다.[1]

봉과 손 사이에 마찰이 있으면 관성력이 부족해서 구가 뜨지 않을 수도 있다. 반대로 밑으로 잡아당기면 관성력이 너무 강해서 구가 위로 튀어 올라 오히려 컵에 넣기 어려워진다. 즉 아무것도 하지 않고 '자유롭게' 낙하시키는 것이 유일한 답이다. 이 퍼즐을 만든 로저스는 프린스턴대학에서 물리학 명교수로 이름난 과학자였다.[2]

이제 8장에서는 아인슈타인이 발견한 '등가 원리'가 어떻게 새로운 **우주론**(우주에 관한 이론)을 탄생시켰는지 살펴볼 것이다. 아인슈타인은 뉴턴이 굳이 '가설'을 생각하지 않았던 만유인력의 법칙을 '일반상대성이론'을 통해 처음으로 설명했다. 여기서 과학적 사고의 강력함을 엿볼 수 있다. 또한 상대론은 팽창 우주나 블랙홀과 같은 현대 물리학의 주제에 대해서 실로 엄청난 영향을 미쳤다.

## 우주선 안에서 빛의 전파

등가 원리에 익숙해졌으므로 이제 일반상대성이론의 세계로 들어가 보자. 먼저 우주선의 운동에 따라 빛의 전파가 어떻게 변하는지 세 단계로 나누어서 '사고실험'을 해본다. 모든 경우에서 우주선이 운동하는 방향과 수직으로 빛(섬광)을 발사하고 발광 장치는 우주선 내부에 고정됐으며, 우주선 안에 있는 사람이 빛이 이동하는 것을 관측한다고 하자.

첫째로 우주선이 등속도 운동을 할 때 빛은 수직 방향 그대로 직진한다. 이 실험은 5장에서 설명한 배의 돛대에서 돌을 떨어뜨리는 실험과 같다.

둘째로 빛이 발사된 직후에 우주선의 속도가 갑자기 변해서 빠른 속도(단 등속도)로 날아간다고 해보자. 이때 빛은 발사 방향에서 비스듬히 뒤쪽으로 직진한다. 발광 장치가 우주선 바깥에 있을 때도 동일하며, 우주선의 속도 변화량이 빛의 전파에 더해지게 된다.

셋째로 우주선이 일정한 가속도로 운동하는 경우를 생각해보자. 빛이 발사된 직후의 짧은 시간 동안에는 우주선의 속도가 약간 변하므로 둘째 경우와 같이 빛은 발사 방향에서 비스듬히 뒤쪽으로 직진한다. 이 짧은 시간이 지나면 우주선의 속도가 약간 더 증가하므로 빛은 더 큰 각도로 비스듬히 뒤쪽으로 직진한다. 따라서 빛은 각도를 조금씩 바꾸면서 비스듬히 뒤쪽으로 직진하고, 전체적인 빛의 궤적은 곡선이 된다(그림 8-1). 덧붙여 궤적상 빛의 속도는 항상 광속이다.

지금까지 번쩍이는 빛으로 설명했는데, 연속된 빛(정상 광)에서도 빛의 궤적은 변하지 않는다. 첫 번째 사고실험의 빛이 끝까지

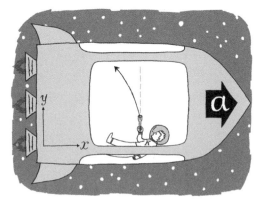

**그림 8-1** 가속하는 우주선에서 빛의 궤적

전달된 뒤에 두 번째 빛을 발사하면 같은 궤적을 그린다. 두 번째 빛의 간격을 조금씩 줄이면 연속된 빛도 같은 궤적을 그리는 것을 알 수 있다.

## 놀라운 결과

이상의 사고실험을 통해 가속 중인 우주선 안에서는 뒤쪽, 즉 '관성력'이 작용하는 방향으로 빛이 휘어짐을 알 수 있었다. 등가 원리에 따르면 우주선 뒤쪽에 균일한 중력장이 형성되고 이는 관성력과 구별할 수 없다. 따라서 '빛은 균일한 중력장에서 휘어진다'는 놀라운 결과가 얻어진다. 균일한 중력장에서 빛이 휘어진다면 만유인력을 포함한 일반 중력장에서도 빛은 휘어질 것이다.

이 결론은 두 가지 충격을 안겨준다. 첫째로 빛은 본래 항상 직진한다. 둘째로 중력 등의 힘은 애초에 질량이 없는 빛에는 작용하지 않는다. 둘 다 확고부동한 기본적인 물리법칙인데 왜 이에 반하는 결론이 나오는 것일까?

여기서 아인슈타인의 파격적인 발상이 또 한 번 빛을 발한다. 그 발상이란 물리법칙을 바꾸는 것이 아니라 상식을 바꾸는 것이다. 빛은 분명 중력장 안을 직진하며, 빛에는 힘이 작용하지 않는다.

그런데도 빛이 휘는 이유는 중력에 의해 공간이 휘기 때문이다. 빛은 페르마 원리에 따라 휘어진 공간에서 최단 경로로 이동하고자 휘어진다. 즉 중력장에서는 공간 자체가 휘어졌다고 생각해야 한다. 흔히 '상식을 뛰어넘자'라고 말하는데 이만큼 논리적이면서도 비상식적인 예가 있었을까?

## 구면 위의 기하학

휘어진 공간을 떠올리는 것은 어려울 뿐 아니라 직접 눈으로 보는 것도 불가능하다. 그러나 휘어진 2차원 면이라면 볼 수 있다. 우리가 3차원 공간에 있기 때문이다. 구면을 예로 들어보자.

곡면 위에서 두 점을 지나는 '직선'은 이 두 점을 연결하는 최단 선분(최단경로)으로 정의된다. 구면 위에서 두 점을 지나는 '직선'은 이 두 점과 구의 중심을 지나는 단면에 나타나는 대원의 호圓弧이다(그림 8-2). 대원의 호가 구면 위의 최단경로라는 사실을 수박 등의 절단면을 바꿔가며 확인해보자(💡).

구체적으로 지구의를 활용해 생각해보면 지구의 적도는 대원이므로 '직선'이다. 하지만 적도를 제외한 위선(위도선)은 대원의 호가 아니므로 구면 위의 직선도 아니고 두 점을 연결하는 최단 경로도 아니다.

그다음으로 두 개의 극점을 연결하는 경선(자오선)을 몇 개 그

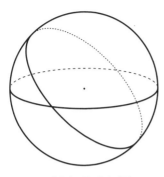

**그림 8-2** 두 개의 대원

**그림 8-3** 서로 평행한 경선[3]

어보자(그림 8-3). 이 경선들도 대원의 호이므로 '직선'이다. 그리고 모든 경선은 적도와 교차하기 때문에 경선은 서로 평행한다고 볼 수 있다. 그런데 이 '평행선'들은 양 끝이 각각 북극과 남극에서 만난다. 즉 구면 위에서는 모든 '평행선'이 반드시 만나게 된다!

또 적도와 두 개의 경선으로 이루어진 '삼각형', 즉 적도 위의 임의의 두 점과 하나의 극점을 연결하는 삼각형을 살펴보면(그림 8-3) 이 구면 위에 그려진 삼각형의 내각 합은 180도를 넘는다. 두 개의 경선이 모두 적도와 직교하므로 이 두 개의 내각만 더해도 180도가 되기 때문이다.

또한 반지름이 $r$인 구면 위에서 세 개의 서로 다른 대원의 호로 이루어진 '삼각형'은 모든 내각의 합이 180도($\pi$라디안, 라디안은 각도의 단위)를 넘는다. 그리고 내각의 합에서 $\pi$를 뺀 값에 $r^2$을 곱하면 이 삼각형의 면적이 되는 것을 알 수 있다.

# 비유클리드 기하학

삼각형의 내각의 합이 180도라는 것을 보여준《유클리드 원론》[4] (이하《원론》)은 기원전 300년 무렵에 쓰인 뒤 19세기에 이르기까지 확고부동한 존재였다. 그러나 1830~1850년대에 걸쳐 확립된 **비유클리드 기하학**으로《원론》은 평면에서만 성립하며, 곡면에는 적용할 수 없다는 것이 밝혀졌다. 다만 2000년을 넘는 긴 시간 동안 어떤 전조를 느낀 수학자는 적지 않았던 것 같다. 문제의 발단은 다음의 **유클리드의 제5공준**이었다(그림 8-5).

> 하나의 직선이 두 직선과 만나는 쪽의 내각의 합이 두 직각 [180도]보다 작을 때, 두 직선을 한없이 연장하면 두 직각보다 각이 작은 쪽에서 만난다.[5]

'공준'이란 공리에 앞서 요청되는 것으로 '공리'와 마찬가지로 증명 없이 인정되는 명제이다. 총 13권으로 이루어진《원론》의 제1권 첫머리에는 "1. 점은 부분이 없는 것이

**그림 8-4** 구면 위의 삼각형[6]

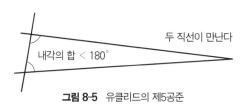

**그림 8-5** 유클리드의 제5공준

다. 2. 선은 폭이 없는 길이다."라고 시작하는 23개의 정의 후에 5개의 공준과 5개의 공리(9개인 판도 있다)가 등장한다.[7] 각 권의 첫머리에서 정의가 적당히 추가되는 데 반해 공준과 공리는 제 1권에만 있다.

유클리드의 제5공준은 한 줄도 되지 않는 다른 공준이나 공리 에 비해 훨씬 복잡하며 마치 '명제'처럼 보인다. 그래서 다른 공 준이나 공리로 제5공준을 증명하려는 노력이 이어져 왔으나 누 구도 성공하지 못했다.[8]

18세기 말에는 '하나의 직선에 포함되지 않은 한 점을 지나면 서 이 직선과 평행한 직선은 오직 하나이다'라는 '플레이페어의 공리'가 '제5공준'과 동치라는 것이 밝혀졌다. 이밖에도 서로 동 치인 '예상'이 제안됐으나 유클리드 기하학 체계에서는 하나같 이 증명이 불가능했다.

《원론》에서는 직선, 면, 평면 그리고 평행선을 다음과 같이 정 의한다.

4. 직선은 그 위에 있는 점들을 균일하게 늘어놓은 선이다.

5. 면은 길이와 폭만 갖는다.

6. 평면은 그 위에 있는 직선들을 균일하게 늘어놓은 면이다.

23. 평행선은 동일한 평면 위에 있고 양 끝을 무한히 연장하더라도 서로 결코 만나지 않는 직선이다.[9]


하지만 구면 위의 두 대원은 다른 두 점에서 반드시 만난다(그림 8-2). 따라서 평행선을 '서로 만나지 않는 직선'으로 정의하면 구면 위에 평행선은 존재하지 않게 된다. 여기서 구면과 같은 곡면에 대해서 "하나의 직선에 포함되지 않은 한 점을 지나면서 이 직선과 평행한 직선은 하나도 없다"라고 하는 새로운 '공리'를 생각할 수 있다.

곡면 기하학을 향해서 대담하고도 용감한 한 걸음을 내딛은 사람은 1820년 무렵의 **카를 프리드리히 가우스**(Carl Friedrich Gauss, 1777~1855)이다.[10] 가우스는 '비유클리드 기하학'이라는 명칭을 처음으로 붙인 사람이지만 유감스럽게도 비유클리드 기하학에 대한 논문은 발표하지 않았다.

**그림 8-6** 구면 위의 사람들[11]

여전히 구면 위에 그어진 직선(대원)을 '곡선'이라고 생각하는 사람이 있을지도 모른다. 구의 바깥쪽에서 보면 그것은 분명 곡선이지만, 구면에 선 사람이 보면 대원은 어디까지나 직선이다(그림 8-6). 2차원 면이 휘어졌는지 아닌지는 3차원 공간에 나와봐야만 알 수 있다. 마찬가지로 3차원 공간이 중력 때문에 휘어졌는지 아닌지는 '4차원 시공간'에 나와봐야만 알 수 있다.


## 리만 기하학

곡면 기하학을 체계적으로 연구한 선구자 중 한 사람은 **베른하르트 리만**(Bernhard Riemann, 1826~1866)이다. 리만은 가우스와 같은 괴팅겐대학교에 있었으며 말 그대로 가우스의 후계자였다. 리만은 이미 중력장을 다루는 데 필요한 수학을 만들어낸 상태였다. 곡면 기하학을 다차원으로 확장한 이론을 **리만 기하학**이라고 한다.

리만이 '제5공준'을 연구하다가 비유클리드 기하학에 이르게 된 것은 아니다. 리만의 기본적인 발상은 **계량**과 **곡률**이다. 계량은 거리를 재는 것이고, 곡률은 공간의 휘어진 정도를 의미한다.

1854년, 리만은 가우스 앞에서 교수 자격 강연을 펼쳤다. 이 강연은 만년의 가우스를 매우 감격시켰다고 한다. 리만은 강연 중에 다음과 같이 말했다.


다양체의 계량 관계는 곡률에 의해 완전히 결정된다.[12]

여기서 **다양체**manifold란 국소적으로 보면 유클리드 기하학이 성립하는 공간을 뜻한다. 예를 들어 구면은 어떤 한 점을 취하든 그 주변을 국소적으로 보면 평면이므로 유클리드 기하학이 성립한다. 이와 같은 성질을 가진 공간에서 측정한 거리들의 관계는 그 곡면이 어느 정도 휘어졌는가 하는 기하학적 성질에 따라 결정된다. 이것이 리만 기하학의 기초가 됐다. 리만 기하학의 대상이 되는 공간을 가리켜 **리만 공간**이라고 한다.

예를 들어 곡면이 전혀 휘어지지 않았다면 이것은 평면이므로 두 점 사이의 거리는 직선을 그어 결정할 수 있다. 만약 곡면이 볼록하게 휘어졌고 구면으로 볼 수 있다면 두 점을 지나는 직선(대원)으로 거리가 결정된다. 이 거리는 평면인 경우보다 반드시 길고 곡률이 크면 그만큼 늘어난다. 즉 거리는 곡률로 결정되는 것이다.

아인슈타인의 그림 8-7을 살펴보자. 지금까지 설명을 읽은 독자라면 평면에 그려졌을 이 그림이 분명 '곡면'으로 보일 것이다. 이처럼 휘어진 세로선과 가로선으로 결정된 좌표를 **가우스 좌표**라고 한다.

리만은 앞선 강연의 끄트머리에서 "이것은 또 다른 학문, 즉 물리학의 영역으로 우리를 이끈다"라고 말했다.[13] 이는 실로 뛰어난 통찰

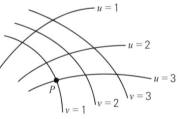

**그림 8-7** 곡면 위의 '가우스 좌표'[14]

이었다. 그로부터 60년 후에 리만 기하학은 아인슈타인에 의해
물리학 영역으로 인도됐다.

## 아인슈타인의 고뇌

아인슈타인은 상대론을 일반 가속도 운동으로까지 확장하는 문제에서 많은 시련을 겪었다. 특히 아인슈타인을 고민에 빠뜨린 문제는 균일하지 않은 가속도 운동이었다. 그중에서도 회전 운동과 원심력을 다루는 데서 어려움을 느꼈다. 1912년에는 대학교 시절의 친구인 마르셀 그로스만(Marcel Grossmann, 1878~1936)의 조언을 얻어 리만 기하학을 채택하는 큰 진보가 있었지만 1915년에 이르러 모든 것을 뒤집어 엎었다. 특수상대성이론을 발표한 '기적의 해'로부터 10년이 흐른 때였다. 이 무렵 아인슈타인은 다음과 같은 글을 남겼다.

> 이론가의 잘못된 길에는 두 종류가 있다.
> 1. 악마가 잘못된 가정으로 이론가를 속인다(이에 대해서 이론가는 동정받을 만하다).
> 2. 이론가가 부정확하고 엉터리인 논의를 한다(이에 대해서 이론가는 처벌받을 만하다).[15]

'의심하는 마음이 어두운 귀신을 낳는다'라는 말처럼 아인슈타인은 시행착오를 거듭했을 것이다. 서양의 악마Teufel는 동양의 귀신에 대응한다. 전문 이론가라면 두 번째 오류는 어떻게든 피하고 싶을 것이다. 하지만 악마에게 홀리면 어찌할 도리가 없다. 그대로 밀고 나가도 될지 고뇌하며 암중모색의 나날이 이어진다. 결정적이었던 1915년 논문의 첫머리 세 번째 단락에서 아인슈타인은 다음과 같이 말한다.

> 이러한 이유로 나는 내가 세운 장의 방정식에 완전히 신뢰를 잃었고, 자연스러운 방식으로 가능성을 제한하는 길을 찾았다. 그렇게 나는 장 방정식의 일반 공변성 원리로 돌아온 것이다. 이 원리는 3년 전 친구 그로스만과 함께 연구하다가 괴로운 마음으로 단념했던 것이었다.[16]

아인슈타인이 논문에 심정을 담는 일은 드물었다. 아인슈타인은 이 논문을 완성하기 직전, 전년에 발표한 중력장 방정식이 '일반 공변성 원리'를 만족하지 못하며 이 원리를 만족하는 것이 문제 해결의 돌파구라는 사실을 깨달았다.[17] '일반 공변성 원리'란 임의의 가속계에 대해서 물리법칙이 '불변'한다는 원리인데, 특히 다루기 까다로운 회전계에서는 이 원리가 적용되지 않았다. 아인슈타인은 최종적으로 다음의 **일반상대성원리**를 채택한다.

> 4차원 시공간(리만 공간)의 일반 좌표계는 모두 동등하고 모든 물리법칙은 좌표계 간의 변환에 대해서 불변이다.

이 책 5장에서 설명한 특수상대성이론인 '4차원 시공간(유클리드 공간)의 관성계는 모두 동등하고 모든 물리법칙은 관성계 간의 변환에 대해서 불변이다'와 비교해보면 세 가지 차이점을 알 수 있다.

첫째로 '유클리드 공간'이 '리만 공간'으로 바뀌었고, 둘째로 '관성계'가 가속계를 포함하는 '일반 좌표계'로 바뀌었으며, 셋째로 '관성계 간의 변환'이 '좌표계 간의 변환'으로 바뀌었다. 이 좌표 변환은 일반적인 것이므로 따로 이름이 붙지는 않았다.

일반상대성원리와 등가 원리를 기본 원리로 삼아 만들어진 것이 아인슈타인의 일반상대성이론이다. 그리고 1915년 11월에 뉴턴의 만유인력 법칙을 대신할 새로운 '중력장 방정식'이 발표됐다. 중력장 방정식은 '시공간의 휘어짐은 물질의 분포로 결정된다'라는 것을 방정식으로 나타낸 것이다. 바로 전년까지도 일반상대성원리로부터는 중력장 방정식을 유도할 수 없다고 단념했던[18] 아인슈타인이 마침내 악마를 떨쳐낸 것이다.

그로부터 50년이 지난 후에 쓰인 총설 논문에서 자세한 총괄이 이루어졌지만[19] 일반상대성이론은 그사이 다른 연구자들이 제안한 어느 이론에도 뒤지지 않았다. 그리고 100년이 지난 지금도 아인슈타인의 이론은 가장 단순 명쾌한 완성형으로서 그 빛을 발한다. 중력물리학 교과서에는 다음과 같은 내용이 등장한다.

> 모든 물리법칙 가운데 아인슈타인의 기하학적인 중력 이론보다 단순하면서도 아름다운 물리법칙은 지금까지 발견되지 않았다. 그리고 이보다 강제력 있는 어떠한 중력 이론도 지금까지 발견되지 않았다.
>
> 무수한 실험이 시행되고, 무수한 중력 이론이 관측의 희생양이 되어 낙오함에 따라 아인슈타인의 이론은 확고한 존재로 자리 잡았다. 실험과 아인슈타인의 중력 법칙 사이에서 곧잘 이야기되는 모순은 지금까지 시련을 견뎌낸 것이 없다.[20]

## '우주항'을 둘러싸고

천문학에서는 '우주는 균일하고 등방<sup>等方</sup>적이다'라는 **우주 원리**를 가정한다. '균일하다'라는 말은 우주 규모에서 보면 모든 장소가 본질적으로 차이가 없다는 뜻이다. '등방적'이라는 말은 우주의 모든 방향이 같다는 뜻이다. 즉 방위에 대한 '풍수'를 부정한다. 또 우주 원리를 채택하면 복잡한 중력장 방정식이 쉽게 풀리는 효과가 있다.

우주 원리가 옳다면 '우주의 중심'이나 '우주의 끝'처럼 특별한 부분이 있어서는 안 된다. 따라서 어디를 기준으로 삼아 측정해도 우주의 크기는 같다는 가정을 근거로, 지구에서 우주 '끝'까지의 거리를 **우주 반지름**이라고 한다.

**그림 8-8** 아인슈타인 모형(1917). 세로축에 우주 반지름($R$)을 놓고, 가로축의 시간($t$)에 따른 변화를 나타낸다.

처음에 아인슈타인은 우주 반지름이 시간적으로 변하지 않는 **정적인 우주 모형**(그림 8-8)을 염두에 두었다. 이를 위해서는 만유인력과 균형을 이루는 '만유척력'이 필요하다. 따라서 만유척력을 나타내는 **우주항**을 중력장 방정식에 집어넣었다.

우주항의 '우주 상수' $\Lambda$(그리스문자 람다)가 양의 $\Lambda_c$라는 특별한 값(임계값)을 취할 때 우주 반지름은 일정하게 유지된다. 하지만 1922년에 **알렉산더 프리드먼**(Alexander Friedmann, 1888~1925)이 정적인 우주 모형은 안정적이지 못하며 약간의 흔들림만으로도 우주가 팽창과 수축을 반복한다는 사실을 지적한다. 우주 상수 $\Lambda$가 $\Lambda_c$보다 크면 우주는 끊임없이 팽창한다. 하지만 $\Lambda_c$보다 작으면 만유척력이 충분히 강하지 않기 때문에 우주는 팽창하다가 수축으로 돌아설 가능성이 있다.

더 나아가 프리드먼은 우주항이 없는(즉 $\Lambda = 0$) 중력장 방정식에 근거하여 **감속 팽창하는 우주 모형**을 제창했다(그림 8-9). 우주 전체의 곡률이 양인 경우(볼록한 형태의 곡면), 우주는 감속하면서 팽창하다가 수축으로 돌아선다.[21] 물질이 만드는 중력장에는

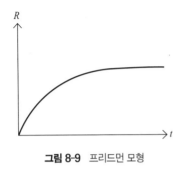

**그림 8-9** 프리드먼 모형

공간을 휘게 하는 효과가 있어 공간의 팽창을 막는 것이다. 물질이 공간에 미치는 효과에 대해서는 아인슈타인이 1917년의 논문 말미에서 이미 지적했다.

그러나 비록 위에서 서술한 부가항[우주항]을 도입하지 않더라도, 공간 속에 있는 물질로 인해 결과적으로 공간은 양의 곡률을 가지게 된다는 점은 분명히 강조해야 한다.[22]

한편 프리드먼의 우주 모형에 따르면 우주 전체의 밀도가 낮고 곡률이 0이나 음일 경우, 우주는 단조로운 감속 팽창을 계속한다.

이후 **에드윈 허블**(Edwin Hubble, 1889~1953)은 1929년, 멀리 떨어진 은하에서 오는 대부분의 빛이 붉은색(긴 파장) 쪽으로 쏠리는 현상(**적색 편이**)을 발견한다.[23] 멀어지는 구급차의 사이렌 소리가 낮게 들리는(음의 진동수는 낮아지고 파장은 길어진다) '도플러 효과'와 동일한 현상이 적색 편이에도 나타난다면 우주는 팽창하는 것이다.

더 나아가 적색 편이로부터 구한 은하의 멀어지는 속도(후퇴 속도)는 그 천체까지의 거리에 거의 비례한다는 법칙(**허블 법칙**)을 내놓았다. 이때의 비례 상수를 **허블 상수**라고 하고, 우주가 팽창하는 속도의 지표로 삼는다. 이러한 허블의 발견에 의해서 프리드먼의 우주 모형이 입증됐다는 인식이 퍼졌다. 다만 허블의 법칙으로부터 현재의 우주가 팽창한다는 사실은 알 수 있지만 팽창의 정도가 어떤 식으로 변하는지는 알 수 없다.

이후 아인슈타인은 우주항을 도입할 필요가 없었다고 생각을 바꾼다.[24] '자연은 단순하다'라는 신념이 있었던 아인슈타인은 스스로 우주항을 도입한 것을 후회했다고 전하는데, 그 근거는 희박하다. 우주항이 없는 편이 훨씬 단순할지는 모르지만 우주항과 같은 상수항이 포함된 방정식은 드물지 않다.

한편 **조르주 르메트르**(Georges Lemaître, 1894~1966)는 우주 상수 $\Lambda$가 $\Lambda_c$와 같거나 클 때 나타나는 **가속 팽창하는 우주 모형**을 1927년에 발표한다(그림 8-10). 우주 전체의 곡률이 양일 때 우주는 $\Lambda \approx \Lambda_c$(≈는 거의 같다는 뜻이다)라는 정상 상태(정적인 우주 모형)에서 출발해서 만유척력으로 인해 단조롭고 가속적으로 팽창한다. 우주 전체의 밀도가 낮고 곡률이 0이거나 음일 경우, 우주는 처음부터 단조롭고 가속적으로 팽창한다.[25]

아인슈타인, 프리드먼, 르메트르 중 누가 옳고 그른지는 중요하지 않다. 우주 모형 문제는 이후 그들이 예상치 못했던 형태로 전개된다.

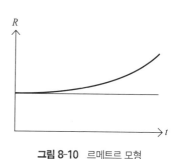

**그림 8-10** 르메트르 모형

# 빅뱅 이론

만약 우주가 팽창 중이라면 그 시작은 어땠을까? **빅뱅 이론**에 따르면 우주는 138억 년 전의 대폭발로 만들어졌다고 한다. 단 빅뱅은 이미 존재하는 공간으로의 폭발이 아니라 공간 자체가 폭발과 함께 팽창하여 완성된다.

르메트르가 대폭발설을 처음으로 제안했던 1930년대에는 이 가설이 받아들여지지 않았다. 르메트르의 우주 모형에서는 우주가 서서히 가속하면서 팽창한다. 하지만 처음 폭발시의 팽창 속도가 매우 컸던 것으로 짐작되기 때문에, 프리드먼의 감속 팽창하는 우주 모형이 더 자연스러우며 우주항이 필요하지 않다는 것이 통설이었다.

이렇게 '우주 생성'에 대한 연구자들의 관심이 높아지고 '처음 3분 동안'(정확하게는 처음의 약 0.1초 후부터) 물질이 생성되기까지의 시나리오가 만들어졌다.[26] 허블이 발견했듯이 먼 은하가 더욱 멀어지는 것은 빅뱅에 따른 우주의 팽창이 현재도 계속되기 때문이라고 생각할 수 있다.

한편 적색 편이로부터 구한 은하의 후퇴 속도는 광속보다 느리므로 아무리 멀리 떨어진 은하라도 허블의 법칙으로부터 구한 거리는 138억 광년(빅뱅 이후의 시간 × 광속)보다 짧다. 하지만 빛이 은하에서 지구에 도달하는 사이에도 우주가 팽창하기 때문에 먼 은하와 지구와의 거리는 138억 광년을 넘는다. 실제로

**허블 우주망원경**(인공위성)으로 관측한 가장 먼 천체까지의 거리는 319억 광년이다. 계산에 따르면 현재의 우주 반지름은 465억 광년에 이른다.


## 현대의 우주관

빅뱅 모형은 생각지 못한 발견으로 입증됐다. 1964년, 미국의 벨 연구소에 근무하던 아노 펜지어스(Arno Penzias, 1933~)와 로버트 윌슨(Robert Wilson, 1936~)은 은하에서 오는 전파를 측정하기 위해 여러 잡음을 제거하는 작업을 시작했다. 수신하고자 하는 전파원의 방향이 한정된다면 전파원 밖에서 오는 신호와 상쇄시켜 잡음을 상당히 제거할 수 있다. 하지만 '하늘의 강'이라고 불리는 은하는 온 하늘에 펼쳐진 탓에 잡음을 일일이 확인해야 했다. 펜지어스와 윌슨은 파장이 7.35cm인 전파 잡음이 우주 전체에서 발생되는 것을 발견했다. 이 원인 불명의 잡음을 규명하기가 벅찼던 그들은 천문학자 친구에게 상담을 요청했다. 그 결과 이 잡음이 빅뱅의 잔해이며, 우주 배경에 있는 전자파(**우주배경복사**)일지도 모른다는 조언을 얻었다.

그리하여 전파 잡음의 에너지에 상당하는 온도를 조사한 결과, 최저 온도를 0K로 하는 절대온도(K)로 측정했을 때 약 3K였다. 이 값은 빅뱅 이론의 예측과 기가 막히게 일치했다. 행운과 같은 이 발견으로 펜지어스와 윌슨은 1978년에 노벨 물리학상을 수상했다.

이와 같은 관측적 우주론의 대발견에는 주기성이 있다. 1929년에 적색 편이가 발견됐고, 35년 뒤인 1964년에 우주배경복사가 발견됐다. 그로부터 다시 약 35년 뒤인 1997~1998년에 솔 펄머터(Saul Perlmutter, 1959~)가 이끄는 팀과 브라이언 슈밋(Brian Schmidt, 1967~), 애덤 리스(Adam Riess, 1969~)가 이끄는 팀이 우주의 팽창 속도가 얼마나 감속하는지 알아낼 목적으로 백색왜성(고온·고밀도의 흰색 항성)의 **초신성 폭발**에 따른 광속 변화를 조사했다. 초신성 폭발은 밤하늘에 갑자기 밝은 별이 나타나는 현상이며, 무거운 항성의 마지막 모습으로 '새로운 별'이 아니다.

초신성이 폭발할 때는 은하 전체에 필적할 정도의 빛이 한꺼번에 방출된다. 원소 조성으로 볼 때 Ia형으로 분류되는 초신성의 시간 변화에 따른 밝기를 정밀하게 측정한 결과, 감속 팽창하는 우주 모형의 예상보다 빛의 밝기가 빠르게 어두워지는 것으로 나타났다. 독립된 두 팀이 같은 시기에 일관된 데이터를 발표했기 때문에 신뢰성은 높다.

이 데이터들은 우주가 감속하지 않고 가속하면서 팽창한다고 생각해야만 설명이 가능한 것들이었다. 즉 지금까지의 예상과 달리 이 데이터들은 '가속 팽창하는 우주 모형'을 지지하며 빅뱅 이론과도 모순되지 않는다. 이 새로운 발견으로 앞에서 언급한 세 사람은 2011년에 노벨 물리학상을 받는다.

아인슈타인이 우주의 팽창을 가속시키는 원인으로 도입한 우주항의 기여(만유척력)는 큰 것으로 생각된다. 또한 우주항에 의한 효과는 우주 공간에 펼쳐진 **암흑 에너지**dark

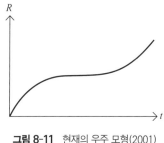

그림 8-11　현재의 우주 모형(2001)

energy의 작용일 가능성이 지적됐다. 암흑 에너지는 미지의 에너지원이며 유력한 척력의 원인이다. 이에 반해 **암흑 물질**dark matter이라고 하는, 빛으로는 볼 수 없는 '물질'은 만유인력을 이용해 응집력을 높이는 효과가 있으므로 암흑 에너지와는 반대의 작용을 미친다.

더 나아가 2001년에는 리스 등이 1998년에 관측했을 때보다 더 먼 과거에 일어난 초신성 폭발을 조사하여 '감속 팽창하는 우주 모형'을 뒷받침하는 증거를 처음으로 얻었다.[27] 따라서 빅뱅으로부터 수십 억 년까지는 감속 팽창이 이어지다가, 그 뒤로 암흑 에너지가 우세하면서 가속 팽창으로 전환됐다고 보인다(그림 8-11). 이 최신 우주 모형에 따르면 아인슈타인, 프리드먼, 르메트르의 모형은 부분적으로는 전부 옳았다.

최근 100년간 오락가락하긴 했지만 아인슈타인의 우주항이라는 발상도 결국은 옳았다. 이처럼 실패를 두려워하지 않고 새로운 가능성을 계속해서 검토해나가는 것이 바로 '과학적 생각법'이다. 데라다 도라히코(寺田寅彦, 1878~1935)가 한 이야기를 함께 곱씹어보자.

> 부상을 두려워하는 사람은 목수가 될 수 없다. 실패를 두려워
> 하는 사람은 과학자가 될 수 없다. 과학 역시 머리가 나쁜 죽
> 음을 두려워하지 않는 시체 더미 위에 세워진 전당이자 피의
> 강 옆에 핀 화원이다.[28]

## '마흐의 원리'를 둘러싸고

앞서 7장에서 마흐의 역학 비판을 소개한 바 있다. **마흐의 원리**는 그의 저서에 명기된 것이 아니라 몇 개의 가설이 마흐의 원리로 논의되는 것을 말한다. 대표적인 것이 '어떤 물체의 관성은 다른 물체의 질량과 상호 작용함에 따라 발생하는 효과이다'라는 가설이다.

젊은 시절의 아인슈타인은 마흐의 영향을 받아 1912년부터 1918년에 걸쳐서 쓴 논문에서 마흐의 원리를 기록했지만[29] 이후 완전히 포기한다. 마흐의 원리를 금과옥조로 삼지 않고 미련 없이 버렸다는 점에서도 아인슈타인의 유연한 사고력을 엿볼 수 있다. 과학이라는 생각법에 '권위'가 끼어들 여지를 주지 않고, 때로는 유력한 발상 자체를 의심하며 떨쳐내는 용기가 필요한 법이다.

그로부터 몇 년이 지난 1949년에 미국의 수학자 **쿠르트 괴델** (Kurt Gödel, 1906~1978)은 음의 우주 상수를 가진 중력장 방정식에서 매우 기묘한 '해'를 발견했다. 괴델은 일부러 마흐의 원리를 만족하지 않는 해를 찾았다. 이 해는 관성계가 중심에 있어서 그 주변의 균일한 물질이 일정한 각도 변화로 회전하는 해였다.

마흐의 원리에 따르면, 양동이와 물이 정지된 상태에서 지구나 다른 모든 천체를 상대적으로 회전시키면 물에 원심력이 발생한다. 물에 원심력이 발생한다는 것은 회전 중심에 위치하는 계가 가속계(비관성계)라는 의미다. 관성계가 중심에 있는 괴델의 해는 이러한 마흐의 원리에 반하며, 이와 같은 해가 일반상대성이론으로부터 얻어진다는 것은 일반상대성이론이 마흐의 원리를 전제로 하지 않았음을 뜻한다.


## 그래도 빛은 휜다

이제 등가 원리를 이용해서 조금 더 '아인슈타인의 우주'를 파고들어 보자. 등가 원리로부터 빛이 중력 때문에 휜다는 사실은 분명해졌다. 어떤 방법으로 그 효과를 직접 확인할 수 있을까?

강력한 중력의 효과를 관측하려면 큰 질량이 필요하다. 하지만 지상에서의 실험은 질량이 한정되어 있다. 지구의 중력을 이용하려면 우주로 나가 관측해야 한다. 이것이 어렵다면 주변의 천체를 이용해 지상에서 관측해야 한다. 지구와 가까우면서도 질량이 큰 천체는 태양이다. 즉 별에서 나오는 빛이 태양 주변에서 휘는지 휘지 않는지를 조사하면 된다(그림 8-12). 그런데 여기에는 큰 문제가 하나 있다. 태양이 지나치게 밝은 탓에 낮에는 별이 보이지 않는다는 것이다. 어떻게 해야 할까?

답은 **개기일식**을 관측하는 것이다. 개기일식은 지구와 태양 사이에 달이 들어와 정확히 일직선을 이루는 현상으로, 달의 그림자가 태양을 가리는 극히 짧은 시간 동안 '밤'이 된다. 태양은 달보다 약 400배 크지만 달보다 약 400배 떨어졌기 때문에 거의 완전히 달의 그림자에 들어간다. 이때 별 사진을 찍으면 태양 옆을 지나는 별의 위치를 파악할 수 있다. 이 별의 위치는 일주 운동으로 얻은 별의 위치와 다를 것이다.

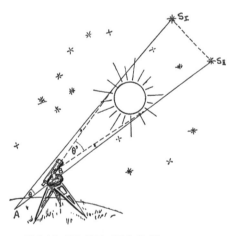

**그림 8-12** 빛은 중력 때문에 휜다[30]

아인슈타인은 등가 원리에 근거하여 하나의 별에서 나오는 빛이 중력장에서 얼마나 휘는지를 계산해봤다. 1911년의 논문에 따르면 그 각도는 0.83초(1초는 1도의 3600분의 1)였다.[31] 이 정도의 예측치라면 당시의 기술로도 실험이 가능하다고 생각했다. 그래서 아인슈타인은 독일의 천문학자에게 개기일식 관측을 의뢰했는데, 관측을 계획했던 1914년에 제1차 세계대전이 터지면서 무산됐다.

개기일식은 3년에 두 번 정도의 빈도로 전 세계 어딘가에서 일어난다. 하지만 관측대가 갈 수 있는 곳은 한정적인 데다 구름이라도 끼면 태양은 물론 별도 볼 수 없다. 개기일식을 관측하려면 운도 따라야 한다. 나는 2009년에 야쿠시마 섬에서 비를 맞으며 '일식병'(일식이 보고 싶어 어쩔 바 모르는 상태)을 앓았던 경험이 있다. 그 후 2012년에 오스트레일리아 케언스에서 한을 풀었지만 사진 촬영에 실패한 탓에 병은 완치되지 않았다.

아인슈타인은 1915년에 완성한 중력장 방정식에 근거하여 예측치를 1.7초로 수정했다.[32] 1919년의 개기일식은 태양 주변에 많은 밝은 별이 산재하는 드문 호조건 속에 일어났고, 영국의 **아서 에딩턴**(Sir Arthur Eddington, 1882~1944) 등을 비롯한 두 원정대는 아인슈타인의 새로운 예측치를 완벽히 입증해냈다.[33]

만약 1914년에 최초로 관측이 이루어졌다면 관측치는 당시의 예측치와 어긋났을 것이다. 이론적 예측과 관측이 완벽하게 일치한 것은 아인슈타인의 운 덕분이었다.

그림 8-12의 실선을 보면 태양을 사이에 둔 두 별 SI, SⅡ에서 빛이 직진할 때 만들어지는 삼각형의 내각의 합은 180도이다(지구 쪽 꼭짓점의 각도를 $\theta$로 놓는다). 실제로 관측했을 때의 두 별 사이의 각도를 $\theta'$라고 하면, 빛은 점선처럼 삼각형 안쪽으로 휘어지므로 $\theta'$는 반드시 $\theta$보다 크다. 그러면 두 별과 지상의 관측점이 만드는 삼각형의 내각의 합은 180도가 넘는다. 이 말은 곧 태양이 만드는 중력장이 리만 공간임을 뜻한다. 한편 석양의 모양이 타원처럼 일그러져 보이는 것은 태양 광선이 대기를 통과할 때 굴절해서이며 지구의 중력장 때문은 아니다.

그림 8-13은 태양의 질량 때문에 휘어진 '2차원 공간'을 3차원 공간에서 본 모습이다. 빛은 중력장에서 휘어진 공간의 최단 경로를 이동하는 것을 알 수 있다. 물체와 빛은 휘어진 공간 때문에 중력장에 끌려가듯이 운동한다. 이것은 지구의 중력장에서도 마찬가지이다. 이것이 곧 만유인력을 설명한다.

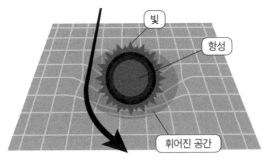

**그림 8-13** 만유인력 설명[34]

즉 뉴턴이 설명하지 않았던 만유인력의 원인이 휘어진 공간 때문이라는 사실이 밝혀진 것이다.[35] 실제로 중력장 방정식을 중력원으로부터 매우 먼 곳으로 근사하면 만유인력의 퍼텐셜이 나타난다.

방석이나 매트리스의 중앙을 움푹하게 만들고 작은 공을 굴려 보자. 면이 일그러졌다면 공은 움푹한 곳으로 끌려 들어갈 것이다. 우리의 눈에 보이지 않을 뿐 우주는 분명히 일그러져 있다.


## 인간과 우주의 시

아래 시는 다니카와 슌타로(谷川俊太郎, 1931~)가 열여덟 살에 지은 《이십억 광년의 고독》[36]의 전문이다.


인류는 작은 공 위에서
자고 일어나고 그리고 일하며
때때로 화성에 친구를 갖고 싶어 하기도 한다


화성인은 작은 공 위에서
무엇을 하는지 나는 알지 못한다
(혹은 네리리 하고 키르르 하고 하라라 하고 있는지)
그러나 때때로 지구에 친구를 갖고 싶어 하기도 한다

그것은 확실한 것이다

만유인력이란
서로를 끌어당기는 고독의 힘이다

우주는 일그러져 있다
따라서 모두는 서로를 원한다

우주는 점점 팽창해간다
따라서 모두는 불안하다

이십억 광년의 고독에
나는 갑자기 재채기를 했다

일본인이라면 교과서에서 이 시를 본 사람이 많을 것이다. 교과
서에는 "20억 광년은 지식의 범위 내에서 우주의 직경을 의미한
다"[37]라는 주석이 달렸다. 시의 후반에서는 우주관과 고독감이
공명한다. 만약 우주 어딘가에 지적 생명체가 있다면 우리가 화
성인 이야기를 하듯이 그들도 지구인에 대해 이야기할까?

## 수성의 근일점 이동

아인슈타인은 1915년 11월 말에 다음과 같은 편지를 썼다.

> 지난달은 내 생애 가장 극적이고 고통스러운 때였습니다. 또
> 한 가장 결실이 풍부한 때이기도 했습니다. 무엇을 써야 할지
> 생각할 수 없을 정도입니다. (……) 내가 한 멋진 경험은 이제
> 제1근사로써 뉴턴의 이론이 탄생할 뿐 아니라 제2근사로써 수
> 성의 근일점 이동(100년당 43초)이 탄생한다는 것입니다. 태양
> 부근에서 빛이 휘어지는 값도 이전의 두 배가 됐습니다.[38]

이 훌륭한 발견은 같은 해의 논문[39]에 '제1근사', '제2근사'라는
표제어와 함께 쓰였다. '근사'란 중력원으로부터 매우 먼 곳에
상당하는 것으로, 제2근사의 효과가 제1근사보다 작기 때문에
중력이 웬만큼 강하지 않으면 나타나지 않는다. 또 논문의 '제
1근사' 단락에서 '태양 부근에서 빛이 휘어지는' 예측치를 1.7초
로 수정했다고 처음 밝혔다.

　　**수성의 근일점 이동**이란 수성이 타원 궤도를 한 바퀴를 돌고 나
서 제자리로 돌아가지 않고 나선 모양의 회전을 계속하는 현상
이다. 수성은 태양과 가장 가까운 행성이기 때문에 중력의 영향
을 가장 크게 받는다. 그림 8-14는 상당히 과장된 그림이다. 하
지만 수성의 타원 궤도에서 근일점(행성이 태양과 가장 가까운 점)은

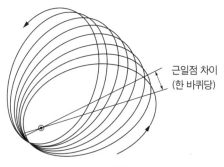

**그림 8-14** 수성의 근일점 이동[40]

100년마다 43초 각도로 전진한다.

이 현상은 예전부터 존재했지만 뉴턴 역학으로는 설명이 불가능했다. 이 책 3장에서 행성은 타원 궤도를 그린다고 설명했으나, 행성에는 태양을 비롯해 다른 행성의 인력도 작용하기 때문에 궤도를 벗어나게 되고, 한 바퀴를 돌고 나서도 제자리로 돌아오지 못해 궤도가 닫히지 않게 된다. 이와 같이 다른 행성으로부터 받는 영향을 **섭동**이라고 한다.

수성에 가장 큰 영향을 미치는 금성의 섭동을 계산에 포함해도 결과는 관측 데이터와 일치하지 않았다. 태양·수성·금성의 세 천체를 대상으로 하는 '3체 문제'는 식 계산만으로는 풀 수 없었다. 더구나 식에 수치를 대입해 손으로 계산해서 궤도를 구하는 것은 쉬운 작업이 아니었다. 이 외에도 여러 가지 노력을 했으나 데이터의 불일치는 해소되지 않았다.

이 오랜 문제에 일반상대성이론이 처음으로 관측 데이터와 일치하는 설명을 부여한 것이다. 이 설명은 태양 주변의 왜곡된 공간이 타원 궤도에 영향을 미친다는 사실을 분명히 했다는 점에서 의의가 크다. 더 나아가 그 효과가 '제2근사'로써 나타났다는 점은 뉴턴의 만유인력의 법칙을 뛰어넘는 중력이 실제로 존재한다는 것을 뒷받침한다. 아인슈타인이 큰 보람을 느낀 것도 이해가 간다.


## 중력파를 찾아서

아인슈타인은 더 나아가 중력장 또한 '근접 작용'을 통해 광속으로 전달된다고 예측했다. 이것이 바로 **중력파**이며, 1916년에 처음으로 언급된 뒤 1918년의 논문[41]에서 깊이 논의된다. 초신성 폭발 때처럼 새로운 중력장이 탄생하면 중력파가 그 장의 변화를 전달한다고 생각한 것이다.

이 책 2장에서 서술했듯이 일반적으로 입자성은 파동성에서 이끌어낼 수 있다. 중력파에 대응하는 입자는 중력자graviton로 질량은 0이고 광속으로 움직인다고 여겨진다. 다시 말하면 중력은 중력자에 의해 광속으로 전달된다.

중력파의 존재는 러셀 헐스(Russell A. Hulse, 1950~)와 조지프 테일러(Joseph H. Taylor Jr., 1941~)가 1974년에 발견한 **쌍성 펄서**에 근거해 간접적으로 입증됐고, 두 사람은 1993년 노벨 물리학상을 받았다. 쌍성이란 두 별이 서로의 중심 주위를 도는 것이며, 펄서는 펄스 형태의 전자기파를 주기적으로 방출하는 천체이다. 두 사람이 발견한 쌍성 펄서는 초속 300km에 이르는 속도로 공전하는데, 두 별이 점차 가까워지다가 공전 주기가 일반상대성이론의 예측대로 짧아지는 것이 관측됐다. 이때 에너지의 손실이 발생하는 이유는 강력한 중력파를 방출했기 때문이라고 추측한다.

일본도 오랫동안 중력파 연구에 노력을 기울였다. 예를 들어 'KAGRA'(카그라)라고 하는 대형 저온 중력파 망원경이 도쿄 대학 우주선 연구소, 고에너지 가속기 연구 기구, 자연과학 연구기구 국립천문대의 주도로 기후현 히다시에 있는 가미오카 광산 부지에 설치되어 있다.


## 중력파의 발견


아인슈타인의 예측으로부터 100년이 지난 2016년 2월 12일, "중력파 첫 검출"이라는 제목의 기사가 신문 1면을 장식했다. 라이너 바이스(Rainer Weiss, 1932~)가 이끄는 천여 명에 가까운 물리학자들로 구성된 국제 팀이 'LIGO'(라이고, Laser Interferometer Gravitational-Wave Observatory의 약어로 레이저 간섭계 중력파 관측소를 가리킴)로 불리는 미국의 대형 장치를 이용해, 매우 희미한 중력파를 검출하는 데 처음으로 성공했다.

이 장치는 직선 길이가 각각 4km에 이르는 거대한 L자 형 장치로, 중심에서 발사한 레이저 광(단일 파장으로 마루와 골의 타이밍[위상]이 고른 빛)을 거울로 반사시켜, 중심으로 돌아온 두 빛이 만드는 간섭무늬를 검출하는 장치이다. 우주에서 지표로 중력파가 전달되면 공간의 왜곡이 두 방향의 거리에 아주 작은 차이(양성자 크기의 만 분의 1 정도)를 발생시킨다. 1994년에 LIGO 계획이 시작된 이후, 열이나 진동 등으로 생기는 노이즈를 얼마나 줄이느냐가 실로 어려운 과제였다.

그림 8-15는 중력파를 검출한 결정적 순간을 보여준다. 왼쪽에서 오른쪽으로 시간이 경과함을 나타내며, 이 중력파의 파형으로 우주에서 무슨 일이 일어났었는지를 상상할 수 있다. 이 특징적인 파형은 3000km나 떨어진 워싱턴주(미국 서해안)와 루이지애나주의 두 LIGO 시설에서 중력파의 도달 지연을 계산한 결과와 완벽히 일치했다. 이것은 관측 시설 부근에서 발생한 노이즈로는 설명할 수 없는 결과이다.

그림의 가장 왼쪽 부분은 질량이 매우 큰 두 천체가 서로의 주위를 도는 모습이다. 이 주기적인 운동 덕분에 중력파는 고른 파동으로 검출된다.

이어서 두 천체는 서로의 중력 때문에 가까워지므로 더욱 짧은 주기로 회전하게 된다. 이때 두 천체의 중력이 서로 겹치기 때문에 중력파의 진폭은 커진다. 이후 두 천체가 충돌하여 하나

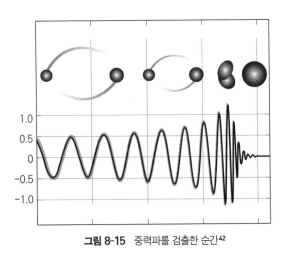

**그림 8-15** 중력파를 검출한 순간[42]

의 천체가 되면 중력파의 주기적인 변화는 완전히 소멸한다!

두 천체의 질량은 각각 태양의 30배에 달하지만 신호를 포착했을 때 서로 간의 거리는 210km 정도에 불과했다. 천체가 이토록 좁은 공간에 갇혔다면 그 공간은 앞으로 설명할 블랙홀이 유일하다. 즉 관측된 중력파는 블랙홀의 대충돌로 탄생한 것이다.

아득히 먼 블랙홀에서 만들어진 중력파가 13억 광년에 이르는 세월을 가로질러 지구에 도달한 것은 2015년 9월 14일이었다. 아인슈타인의 일반상대성이론이 발표된 지 100년이 흘러 중력파를 이용해 우주를 '보는' 새로운 천문학이 탄생한 것이다.

# 블랙홀의 마력

아인슈타인이 1915년 11월의 논문에서 처음으로 중력장 방정식을 유도하고 겨우 두 달이 지났을 무렵 **카를 슈바르츠실트**(Karl Schwarzschild, 1873~1916)가 물질이 존재하지 않을 때의 등방적인 해를 처음으로 발견해낸다. 이때 슈바르츠실트는 제1차 세계대전 때문에 동부 전선에 출정 중이어서 아인슈타인에게 논문을 출판해달라고 부탁했다. 슈바르츠실트는 전장에서 불치의 병과 싸우면서도 연구의 끈을 놓지 않아 아인슈타인을 매우 놀라게 했다.

그 후 1931년, 당시 스물한 살이었던 **수브라마니안 찬드라세카르**(Subrahmanyan Chandrasekhar, 1910~1995)가 **블랙홀**을 이론적으로 예측했다. 별이 완전히 타서 내부의 압력이 줄어들면 스스로 견디지 못하고 수축을 시작한다. 이 **중력 붕괴** 현상 때문에 별은 그대로 블랙홀이 된다. 또한 별의 본래 질량으로 결정되는 일정한 반지름(**슈바르츠실트 반지름**) 안에서는 빛도 갇히고 만다. 이것이 블랙홀이다. 따라서 블랙홀의 본체는 원리적으로 '볼 수 없는' 것이다. 처음에는 이 때문에 블랙홀을 검증할 수 없다고 생각했으나 이후 다양한 상황 증거가 발견됐다. 예를 들어 블랙홀이 되기 전 별의 표면에서는 물질이 낙하 중에 증발하고 전자기파나 중력파가 폭발적으로 방출된다. 마치 '폐업 세일'에서 상품을 무더기로 파는 것과 같은데 이는 블랙홀의 간접 증거가 된다. 앞에서 설명한 '중력파의 발견'은 동시에 블랙홀의 존재를 확고히 하는 발견이기도 했다.

개기일식으로 빛의 휘어짐을 증명한 에딩턴은 찬드라세카르의 지도 교수였는데, 그는 블랙홀이라는 발상을 완강히 거부했다. 에딩턴은 "별이 이처럼 어리석은 행동을 저지르지 않도록 하는 자연법칙이 존재해야 마땅하다"라는 말을 남겼다.[43] 블랙홀은 그만큼 혁신적인 발상이었다. 이후 찬드라세카르는 1983년에 노벨 물리학상을 수상했다. 그는 블랙홀을 발견한 것을 다음과 같이 회상했다.

> 45년에 이르는 연구 생활 동안 가장 강렬한 경험이 무엇이었는지 말씀드리자면, 뉴질랜드의 수학자 로이 커가 발견한 아인슈타인의 일반상대론 방정식의 엄밀한 해가 우주에 산재한 수많은 무거운 블랙홀을 절대적이고 정확하게 표현한다는 사실을 깨달은 것입니다. '아름다움에 대한 전율' 속에서 수학적 아름다움을 추구하다 자연에서 이런 놀라운 존재를 찾아냈다는 것은 믿을 수 없는 사실입니다. 이러한 일이 있기에 아름다움은 인간의 마음이 진심으로 깊숙한 곳에서 감응하는 것이라고밖에 할 수 없습니다.[44]

1963년, 로이 커(Roy Kerr, 1934~)가 발견한 중력장 방정식의 해는 질량과 **각운동량**(동경에 운동량[회전 방향의 성분]을 곱한 것)만을 변수(파라미터)로 삼으며, 실제로 존재 가능한 블랙홀을 밝혀냈다. 찬드라세카르는 블랙홀의 매력을 다음과 같이 말했다.

> 자연계의 블랙홀은 우주에 존재하는 가장 완전하고 거시적인 물체다. 그 구조에서 요소는 우리의 시공간이라는 개념뿐이다. 게다가 블랙홀을 기술하는 데 일반상대성이론이 유일하게 일군의 해를 부여하므로 블랙홀은 가장 단순한 물체이기도 하다.[45]

블랙홀은 분명 가장 단순하지만 그 숫자는 두려울 정도로 복잡하다. 우주론을 동경하는 청년이라면 여기서 인용한 찬드라세카르의《블랙홀의 숫자적 이론》과 같은 전문 서적에 관심이 갈 것이다. 블랙홀의 매력은 청춘을 전부 빨아들일지도 모른다.


## 우주로!

그림 8-16은 허버트 블록(Herbert Block, 1909~2001. 본명보다 허블록이라는 이름으로 더 자주 불린다)이 아인슈타인을 추모하며 그린 작품이다. 중앙의 별에 걸린 기념 명판에는 "알베르트 아인슈타인이 여기 살았다"라고 적혀 있다. 아인슈타인의 업적은 확실히 우주적인 규모였다.

**그림 8-16** 허블록의 만화[46]

# 9장

# 확률론에서
# 인식론으로

인간 인식론을 이야기하려면 먼저 결정론과 확률론의 깊은 이해가 필요하다. 이번 장에서는 우선 결정론을 생각해본 뒤 양자 역학의 바탕에 깔린 확률론을 재검토할 것이다. 또한 실험 방법이 새롭게 발명되고 세련되어짐에 따라 지금까지 제안된 사고 실험도 잇따라 재검증되는 중이다.

당연한 말이지만 모든 과학적 법칙과 발상은 일찍이 앞서 간 누군가가 인간의 직관을 바로잡고 발견한 것이다. 이렇게 우리에게 인식된 진리는 단순하면 단순할수록 심오하며 새로운 발견을 위한 초석이 될 놀라운 가능성을 품고 있다. 인간의 과학적 인식을 바탕으로, 인식을 가능하게 하는 정신 작용이나 언어 능력을 고찰해보자.

심상 풍경의 명수 르네 마그리트(René Magritte, 1898~1967)는

"눈에 보이지 않는 것은 우리의 시선으로부터 숨을 수 없다"[1]라고 말했다. 여기서 말하는 시선이란 인식의 힘일 것이다.

## 세계 인식이란 무엇일까?

양자 역학에 큰 공헌을 한 **에르빈 슈뢰딩거**(Erwin Schrödinger, 1887~1961)는 인간을 둘러싼 이곳을 "세계는 우리의 감각·지각·기억의 구성체이다"[2]라고 단적으로 표현했다. 즉 감지하거나 기억할 수 없는 것은 '세계'의 대상에 포함되지 않는다.

이에 따라 자연과학의 대상도 인간이 인식하는 '세계'로 한정된다. 비평형 열역학을 개척한 **일리야 프리고진**(Ilya Prigogine, 1917~2003)은 "세계를 외부에서 바라보는 것이 물리학의 목적은 아니다. 오히려 측정을 통해서, 그곳에 속한 우리에게 물리적 세계가 어떻게 보이는지 기술해야 한다"[3]라고 말했다.

즉 과학이 객관적인 기술을 목적으로 하더라도 세계를 내부에서 바라본다면 '우리에게 어떻게 보일까?'처럼 인간의 인식에서 기인한 '주관'으로부터 결코 도망칠 수 없다. 오히려 객관과 등을 맞댄 주관을 항상 의식하는 편이 훨씬 과학적이다. 이는 '여기서 주의해야 할 점은 근대 과학의 객관주의가 근대의 주관주의를 뒤집어놓은 것으로, 이들은 서로 쌍둥이다'[4]라는 식의 철학적 관점과도 호응한다.

자연을 바라보는 인간의 주관과 물리적 객관을 과연 얼마나 양립시킬 수 있을까? 이 문제는 과학과 철학을 별개로 생각하는 한 지속될 것이다. 21세기의 물리학은 뉴턴이 말한 "자연철학 Philosophiae Naturalis"으로 회귀하는 단계에 왔는지도 모른다.

## 라플라스의 악마

물리적 객관을 극단적으로 보여주는 사례인 **역학적 결정론**은 피에르시몽 라플라스(Pierre-simon Laplace, 1749~1827)가 1814년에 남긴 다음의 문장에 단적으로 나타난다.

> 주어진 시점에서 자연을 움직이는 모든 힘과 자연을 구성하는 모든 존재가 처한 상황을 전부 이해하는 영지英知가 이 자료들을 해석할 만큼 더욱더 광대한 힘을 가진다면, 우주에서 가장 큰 천체의 운동도, 가장 가벼운 원자의 운동도 동일한 식 안에 포함시킬 것이다. 이 영지에 불확실한 것은 하나도 없으며, 미래도 과거도 똑같이 내다볼 수 있다.[5]

자연계의 힘에는 중력은 물론 기압과 풍력 등이 포함된다. 원자나 분자까지 포함하면 그와 관련된 힘 등도 필요해진다. 이 힘들에 대한 방정식과 초기 조건이 전부 주어지면 모든 물체의 운동을 결정할 수 있고 미래를 예측할 수 있다고 한다. 이것을 가능하게 하는 '영지'는 훗날 **라플라스의 악마**라고 불린다.

이 내용이 실린 책의 제목은 《확률에 대한 철학적 시론》이다. 결정론이 지배하는 자연현상에서 왜 확률론이 필요할까? 인간의 인식이 한정되어 있기 때문이다. 라플라스는 더 나아가 다음과 같이 말했다.

> 혜성의 운동에 대해 천문학이 우리에게 보여주는 규칙성은 모든 현상에서도 분명히 일어난다. 공기나 수증기의 분자 하나가 그리는 곡선도 행성의 궤도만큼이나 정확히 규제받는다. 우리가 다르다고 생각하는 이유는 우리의 무지함 때문이다. 확률의 일부분은 이 무지에, 일부분은 우리의 지식에 의존한다.[6]

바야흐로 슈퍼컴퓨터와 빅 데이터의 시대이다. 하지만 아무리 방대한 메모리와 초병렬 장치를 구사하더라도, 천문학적인 숫자로 이루어진 기체 분자를 모두 계산하는 것은 비현실적이다. 더욱이 **카오스**라고 불리는, 결정론적이지만 비선형(방정식이 1차 외의 항을 가지는 것)인 역학계에서는 미세한 오차가 예측 불가능한 결과를 야기할 수 있다. 따라서 일기 예보의 강수 확률처럼 확률론으로 미래를 예측할 수밖에 없는 것이다.

히가시노 게이고의 소설 《라플라스의 마녀》(2015)에서는 가까운 미래를 정확하게 예측하는 능력을 가진 사람들이 나온다. 구름 따위를 보고 날씨를 예측한다는 뜻의 '관천망기'를 생각해보면 인간의 인식 능력은 계산기를 능가하는 면이 있다. 불필요한 정보를 가려내고 미래와 관련된 본질적인 부분만을 추출하는 능력이 있는 사람이라면, 라플라스의 악마와는 다른 방법으로 미래를 내다볼 수 있을지도 모른다.

## 인식과 미래 예측

전자기파를 연구하고 진동수의 단위로 이름을 알린 **하인리히 헤르츠**(Heinrich Hertz, 1857~1894)는 헬름홀츠의 제자이자 친구였다. 헤르츠의 유작이 된《역학 원리》의 첫머리에는 다음과 같이 쓰여 있다.

> 자연에 대한 우리의 의식적인 인식에서 원초적이고 어떤 의미에서 가장 중요한 과제는 우리에게 미래의 경험을 예견하는 능력을 부여하고 그 결과 우리의 현재 행동을 이 선견에 맞추는 것이다. 이러한 인식의 과제를 해결하기 위한 기초로써 우리는 항상 우연한 관찰 혹은 의식적인 실험으로 획득한 이전의 경험을 활용한다.[7]

과학 법칙은 인간에게 '미래의 경험을 예견하는 능력'을 부여한다. 원인에서 결과를 이끌어내는 인과관계가 그 전형적인 예이다. 또한 아직 충분히 체계화되지 못한 방대한 경험칙이 이 능력을 뒷받침한다. 여기에 셜록 홈즈 버금가는 관찰력, 분석력, 추리력이 가미되면 복잡해 보이는 인간의 행동도 예측할 수 있을 것이다.

논리적인 사고력을 발휘하려면 어떤 데이터를 버리고 어떤 데이터를 남길지 적절하게 판단해야 한다. 이 선택이 잘못되면 사고의 회로가 변해버리기 때문이다. 또한 '나무만 보고 숲은 보지 못하는' 일이 없도록 항상 전체를 내려다볼 수 있어야 한다.

이는 과학 연구에 한정된 이야기가 아니다. 이와 같은 판단력과 사고력은 차를 운전할 때는 물론 자전거를 탈 때도 필요하다. 넓은 시야로 교통 표지판이나 도로 상황을 순식간에 선택하고 파악하는 한편, 느닷없이 사람이나 차가 튀어나올 가능성도 예상해야 한다. '~할 것이다'라고 자신의 경험이나 생각에 의지하는 것보다 '~할지도 모른다'라고 미래에 의지하는 것이 훨씬 안전하다.

미래 예측은 현재의 데이터를 이용해 과거를 알아보는 것과 비슷하다. 원인으로부터 결과를 예측하는 것과 결과로부터 원인을 아는 것, 그 방향성에 차이가 있을 뿐이다. 물론 인과 법칙이나 조건은 시간에 따라 변하지 않는다는 것이 전제이다. 과거의 사례를 바탕으로 상상력을 키운다면 미래를 더욱 분명히 예측할 수 있다.

# 맥스웰의 악마

전자기학과 분자 운동론에 공헌한 맥스웰은 1867년의 편지에서 매우 기묘한 '악마'를 떠올린다.[8] 그림 L-1을 보면, 왼쪽 공간 A는 저온이고 B는 고온이다. 악마는 A에 있는 기체 분자 중에서 속도가 빠른 분자만 골라 벽의 구멍을 통해 B로 이동시킨다. 이 악마를 **맥스웰의 악마**라고 한다.

온도가 높으면 속도가 빠른 분자의 비율이 많아진다. 따라서 속도가 빠른 분자의 이동은 열이 이동하는 것으로 볼 수 있다. 또한 분자가 구멍을 통과할 때 속도가 변하지 않는다면 일의 출입은 없다. 한편 기체 분자는 매우 많기 때문에 분자의 수가 증가하는 데 따른 영향은 무시해도 된다.

**그림 L-1** 맥스웰의 악마

이 경우 일을 소비하지 않고 저온의 물체에서 고온의 물체로 열이 전달된다. 이 현상은 **열역학 제2법칙**에 위배되므로 모순이다. 만약 맥스웰의 악마를 어떤 물리적인 장치로 대체할 수 있다면 그림처럼 작은 악마를 만들 필요는 없다.

이 모순을 해결할 첫 번째 가능성은 불확정성 원리이다. 만약 악마가 분자의 속도를 인식할 수 있다면 불확정성 원리 때문에 위치가 일정하지 않게 되므로 구멍을 통과시킬 수 없다. 반대로 악마가 분자의 위치를 인식할 수 있다면 마찬가지로 불확정성 원리 때문에 속도가 일정하지 않게 되므로 속도가 빠른 분자만 골라 통과시킬 수 없다. 하지만 '구멍을 통과시키는' 대신 다른 방법으로 분자를 선별하고 이동시킬 수 있다면 이 논의는 성립하지 않는다.

두 번째 가능성은 분자의 속도라는 '정보'를 얻으면 그에 상응하는 에너지가 발생한다는 것이다. 즉 악마가 획득한 정보의 에너지를 잘 이용하면 온도 구배에 위배되는 '일'을 할 수 있을 것이다. 그러면 열역학 제2법칙을 거스르지 않고 악마를 실현할 수 있을지도 모른다. 이것이 레오 실라르드(Leo Szilard, 1898~1964)의 발상이었다.[9]

실라르드의 발상은 최근 한 일본 그룹의 정교한 실험으로 입증됐다.[10] 실험에서는 온도 구배 대신에 정전 퍼텐셜 구배를 이용하고, 분자 대신에 지름 0.3마이크론 정도의 입자(폴리스티렌 비즈)를 사용했다. 이 입자는 주변 용액의 분자와 충돌하면 회전한다. 그 회전각을 현미경과 고속 카메라로 측정해 각도에 대한 정보를 얻었다.

이 각도가 어느 특정 값까지 증가했을 때 퍼텐셜을 반전시켜 퍼텐셜의 구배에 위배되는 회전을 계속시켰다. 그 결과 입자가 획득한 에너지는 실제로 입자에 부여된 일을 상회하는 것으로 나타났다. 이것은 관측으로 얻은 회전각이라는 정보가 입자의 에너지로 변환된 것으로 생각할 수 있다.

혼자 사는 집은 치우지 않으면 갈수록 더러워진다. 방은 고립계이므로 이는 거스를 수 없는 법칙이다. 이 실험처럼 맥스웰의 악마를 실현할 수 있다면 악마가 더러워진 방을 치워줄지도 모른다. 다만 그러기 위해서는 물건마다 '어디에 두어야 할지' 정보를 제공해야 한다. 물건에 이름표를 붙이느라 에너지를 쏟느니 후딱 정리하는 편이 빠를 것이다.

## 슈뢰딩거의 고양이

두 악마에 이어 이번에는 고양이가 주인공이다. 양자 역학의 기초를 다진 슈뢰딩거는 1935년에 다음과 같은 '사고실험'을 발표했다.[11] 금고실 안에는 미량의 방사성 물질, 가이거 카운터(방사선 검출기)와 망치, 청산 가스가 든 밀봉된 작은 병 그리고 고양이 한 마리가 갇혀 있다.

방사성 물질의 핵분열은 확률적으로 일어나며 원자핵이 반으로 분열하기까지의 시간을 **반감기**half-life 라고 한다. 일반적인 수명이나 치사율과 마찬가지로 충분한 시간이 지났다고 해서 반드시 분열했다고 단정할 수는 없다.

방사성 물질이 분열할 때 발생하는 방사선이 감지되면 자동적으로 망치가 작동해 작은 병을 깨도록 설정되어 있다. 작은 병이 깨지면 안에 든 청산 가스가 금고실에 퍼져 고양이는 죽는다. 물론 고양이는 죄가 없다. 슈뢰딩거는 "s.v.v."(sit venia verbo, 라틴어로 "이 이야기를 용서하시오"라는 의미)라는 말을 덧붙였다.

양자 역학에서는 입자의 상태(예를 들어 위치와 운동량)에 대응하는 파동 함수를 가정하고, 복수의 상태(예를 들어 복수의 위치)인 '중첩'을 생각한다. 다만 파동 함수는 수학적으로 복소수(실수와 허수[$\sqrt{-1}$을 단위로 하는 수]를 포함한다)로 표현되므로, 물리적으로는 측정할 수 없는 허수를 포함한 값을 어떻게 '해석'해야 할지가 문제였다.

이때 **막스 보른**(Max Born, 1882~1970)은 파동 함수의 절댓값의 제곱(반드시 양의 실수이다)이 어떤 위치에 입자가 존재할 확률(정확하게는 확률의 밀도)을 나타낸다는 해석을 제안했다. 이것이 **확률 해석**이며 **보른의 규칙**이라고도 한다. 원자 안의 전자를 구름과 같은 명암으로 표현한 '전자구름' 모형에서는 전자가 존재할 확률의 밀도 분포를 명암으로 나타낸다.

양자 역학의 대상이 되는 미시적 세계(감각으로 파악할 수 없을 만

큰 작은 크기)에서는 방사성 물질이 분열되기 전과 후의 상태가 뒤섞인 형태로 확률적으로 기술된다. 하지만 고양이의 생사는 거시적 현상(감각으로 파악할 수 있을 만큼의 크기) 이기 때문에 생사가 뒤섞인 형태로는 기술할 수 없다. 고양이는 살았거나 죽은 상태여야 한다. '60퍼센트는 살았고 40퍼센트는 죽은 상태'라고는 말할 수 없기 때문이다. 금고실 안을 살펴보면 고양이의 생사는 '즉시' 결정된다.

이것이 **슈뢰딩거의 고양이**라고 불리는 패러독스이다. 미시적 현상의 불확정성이 고양이의 생사라는 거시적 현상의 불확정성을 좌우하는 것은 어딘가 이상하지 않은가? 슈뢰딩거는 불확정성을 포함하는 확률 해석으로 현실 세계를 기술하는 데 따른 문제를 날카롭게 파고든 것이다.

이 패러독스를 해결할 첫 번째 가능성은 금고실 안을 보는 순간 '파동묶음의 수축'이 일어나 고양이의 생사가 결정되는 것이다. 파동묶음의 수축이란 관측된 위치로 파동 함수(파동묶음)가 결정되는 것이다. 관측 전에는 복수의 상태(예를 들어 산 고양이와 죽은 고양이)가 중첩되지만, 관측 후에는 관측되지 않은 상태의 파동 함수를 버릴 수 있다. 이 가설을 코펜하겐에 있던 보어가 주도했기 때문에 **코펜하겐 해석**이라고 한다.

두 번째 가능성은 휴 에버렛(Hue Everett Ⅲ, 1930~1982)이 제시한 **다세계 해석**이다. 에버렛은 양자 역학을 옹호하는 한편, 파동묶음의 수축을 꺼내들지 않고 관측자를 포함한 양자 역학적인

상태를 제안했다. 관측 대상과 관측자는 분리할 수 없다는 '분리 불능성'을 가정한 것이다.[12]

한편으로는 금고실 안을 살펴보고 고양이의 생사를 확인하는 것(과정 1 – 관측에 의한 불연속적인 상태 변화)과 금고실 안에서 일어나는 변화(과정 2 – 고립계에서의 결정론적이고 연속적인 상태 변화)를 구별했다.[13] 즉 파동 함수에 의한 후자의 기술(예를 들어 고양이가 살아 있는 상태 혹은 고양이가 중간에 죽은 상태)에 근거해서, 살아 있는 고양이를 본 인간의 세계와 죽은 고양이를 본 인간의 세계가 서로 간섭하지 않고 양립한다고 생각하는 것이다. 하지만 이러한 다세계는 서로 간섭하지 않기 때문에 SF 영화의 주인공처럼 평행 우주를 떠도는 일이 일어나지 않으며, 따라서 다세계가 입증될 가능성도 없다.

1996년에 이르러 프랑스의 세르주 아로슈(Serge Haroche, 1944~)와 미국의 데이비드 와인랜드(David J. Wineland, 1944~)는 독립적으로 '슈뢰딩거의 고양이'를 실험했다. 이때 고양이 대신 루비듐(Rb, 원자량이 86인 금속원소)과 베릴륨(Be+, 원자량이 9인 금속원소)을 사용한 것은 다행스러운 일이다. 각각의 원자가 보이는 두 가지 상태가 고양이의 생사에 대응한다고 가정했다.

이들 원자의 크기는 미시와 거시의 중간('메조스코픽'이라고 한다)이며, 미시와 거시의 성질이 모두 나타난다. 두 사람의 정교한 실험의 결과, 관측에 의해 반드시 '파동묶음의 수축'이 일어나고 복합적인 상태가 해소된다는 것('디코히어런스'라고 한다)이 분명해졌다.**14** 아로슈와 와인랜드는 2012년 노벨 물리학상을 나눠가졌다. 고양이가 '사자의 몫lion's share'이 된 것이다.


## 아인슈타인의 달

관측으로 인해 불연속적인 상태 변화가 발생한다면, 달이 구름에 가려지거나 지구 뒤편에 있거나 삭이나 일식 등으로 보이지 않을 때도 반드시 존재한다고 확신할 수 있을까? 아인슈타인은 이러한 논의에 의문을 가졌다.

> 1950년 무렵이었다. 나는 아인슈타인과 함께 프린스턴 고등 연구소를 출발해 그의 집까지 걸어가고 있었다. 그런데 그가 갑자기 멈춰 서더니 나를 돌아보며 "달은 정말 자네가 보고 있을 때만 존재한다고 믿나?" 하고 물었다. 딱히 형이상학적인 대화를 나누던 중이 아니었다. 오히려 양자론에 대해, 특히 물리학적 관측이라는 의미에서 할 수 있는 것과 알 수 있는 것은 무엇인지를 논의 중이었다. (……) 우리는 걸어가면서 달 그리고 무생물이 존재한다는 표현의 의미에 대해 이야기를 이어나갔다.**15**

인간의 관측과 관계없이 달이 분명히 '존재한다'고 생각하는 이유는 달이 일정한 타원 궤도를 돌며 반드시 예상했던 위치에 나타나기 때문이다. 한편으로는 달을 보지 않는 동안 달이 혜성과 충돌해 사라질 가능성이 전혀 없는 것도 아니다.

'코펜하겐 해석'에 따르면 달을 보는 동안에만 달의 상태를 나타내는 파동묶음이 수축하고 존재한다. 이에 아인슈타인은 '분리 불능성'을 부정하고, 인간의 관측과 관계없이 세계가 존재한다는 생각을 고수했다. 관측 가능한 것만을 대상으로 하는 극단적인 입장을 취하는 양자 역학에 정면으로 이의를 제기한 것이다.

보어와의 거듭된 논쟁에서 아인슈타인은 양자 역학의 확률론적 해석을 일관되게 비판했다. 아인슈타인은 "신은 주사위를 던지지 않는다"라는 말을 되풀이했는데 그 예를 소개한다.

양자 역학은 분명 훌륭합니다. 하지만 나의 내면에서 들리는 목소리는 그것이 아직 진짜가 아니라고 말합니다. 그 이론은 많은 성과를 냈지만 결코 악마의 비밀에는 다가서지 못합니다. 어쨌든 신은 주사위를 던지지 않는다고 나는 확신합니다.[16]

## EPR 패러독스

1935년에 아인슈타인은 보리스 포돌스키(Boris Podolsky, 1896~1966), 네이선 로젠(Nathan Rosen, 1909~1995)과 공동으로 논문

을 집필하고, 양자 역학의 기초에 다음과 같은 문제점을 제시했다.[17] 이것을 세 사람 이름의 머리글자를 따서 **EPR 패러독스**라고 한다. 논문에는 다음의 두 가지 명제가 제시되어 있다.

① 양자 역학의 파동 함수에 의한 실재성 기술은 완전하지 않다.
② 켤레를 이루는 두 물리량은 동시에 실재성을 가질 수 없다.

①은 보른이 제안한 '확률 해석'이나 '코펜하겐 해석'이 불완전하다는 명제이다. **실재성**이란 원리적으로 모든 물리량의 정확한 값이 요구되는 것이며, 달은 언제나 존재한다는 아인슈타인의 신념이기도 하다. 어떤 위치에 입자가 존재하는지 아닌지 파동 함수를 사용해 확률적으로 기술하는 것은 불완전하다는 주장이 ①의 요지이다.

②는 양자 역학의 근간을 이루는 불확정성 원리를 요약한 명제로, 불확정성은 **비실재성**을 의미한다. '켤레를 이루는 물리량'이란 불확정성 원리의 대상이 되는 물리량 짝으로, 예를 들어 '위치와 운동량'이나 '시간과 에너지'가 있다. 하나의 입자에 대해서 물리량 짝의 정확한 값을 동시에 구할 수는 없다는 것이 ②의 요지이다.

떨어진 장소에 두 입자 A와 B가 있고 전체 운동량이 0으로 일정하게 유지된다고 가정하자. 두 입자가 서로의 내력으로만 운동하는 경우이다(4장 참고). 이때 입자 A의 운동량 $p$와 입자 B의 위치를 동시에 매우 정밀하게 측정했다고 해보자.

입자 B의 운동량은 전체 운동량에서 입자 A의 운동량(관측치 $p$)을 뺀 값, 즉 $-p$(입자 A와 방향은 반대이고 크기는 같다)이다. 그리고 입자 B의 위치는 측정으로 얻을 수 있으므로, 입자 B에서는 위치와 운동량이 동시에 결정된다. 이 실재성은 ②와 모순된다.

요컨대 ①은 양자 역학을 부정하고 ②는 양자 역학을 긍정하므로 ①과 ② 중 하나만 참이고 나머지 하나는 거짓이 되어야 한다. 아인슈타인은 두 입자의 예에서 ②가 거짓임을 보여주고, 따라서 ①이 참이라고 결론지었다.


## 비국소성과 양자 얽힘

어떤 물체나 물리량이 미치는 영향이 정해진 시간에 특정 장소로 한정되는 것을 **국소성**이라고 한다. 예를 들어 화성인이 지구인의 흉을 본다고 해서 지구인의 귀가 간지럽지는 않다. 흉을 보는 것은 국소적이기 때문이다. 설령 화성인이 SNS를 사용했더라도 빛의 속도를 뛰어넘어 전달될 수는 없다(화성과 지구의 위치에 따라 거리가 달라져 빛의 속도로 3~22분이 걸린다). 즉 국소성이 있다면 순간적으로 다른 장소에 영향을 미치는 것은 불가능하다.

한편 입자가 파동성 때문에 곳곳에 퍼졌다면 멀리 떨어진 장소에 동시에 영향을 미칠 수 있다. 이러한 성질을 비국소성이라고 한다. 2장에서 소개한 '광자 재판'에서 '저는 두 개의 창문을 동시에 통과해 실내로 들어갔습니다'라는 이해하기 힘든 증언이 나왔는데, 이것이 **비국소성**의 한 예이다.

추상적인 개념이 계속되므로 다시 한번 정리해보자. 실재성, 비실재성은 국소성, 비국소성과는 독립된 성질이다. 따라서 ①실재성·국소성, ②실재성·비국소성, ③비실재성·국소성, ④비실재성·비국소성과 같은 네 가지 가능성을 생각할 수 있다. 거시적 세계에서는 ①실재성·국소성이 성립하는 것이 경험적으로 옳다. 문제는 미시적 세계에서 네 가지 가능성 중 어느 것이 옳으냐이다.

EPR 패러독스의 예에서, 입자 B의 위치 측정은 국소적으로 이루어졌고 입자 A에 영향을 미치지 않았다. 즉 미시적 세계의 국소성은 양자 역학의 불확정성, 즉 '비실재성'과 양립할 수 없다. 다시 말해 양자 역학에서 ③비실재성·국소성의 가능성을 부정한 것이 EPR 패러독스의 본질이다.

슈뢰딩거는 EPR 패러독스를 옹호하는 한편, 다음과 같은 중요한 가능성을 지적했다. 두 입자의 파동 함수가 저마다 한없이 공간을 퍼져나갈 때, 두 입자가 얽힘으로써 개개의 상태로 분리될 수 없는 경우가 있다는 것이다.[18] 이 기묘한 현상을 **양자 얽힘** quantum entanglement 이라고 한다.

EPR 패러독스에서는 전체 운동량이 0으로 정해져 있기 때문에 입자 A의 운동량을 측정하면 입자 B의 운동량이 바로 결정된다는 점을 떠올리자. 이와 마찬가지로 양자 얽힘 관계에 있는 두 입자는 비록 멀리 떨어졌더라도 한쪽의 물리량을 측정하면 '즉시' 나머지 한쪽의 물리량이 확정된다. 따라서 양자 얽힘은 비국소성을 띠는 것이다. 두 입자에서 실제로 양자 얽힘이 일어나는 것은 레이저 광을 이용한 실험으로 증명됐다.[19]

두 입자의 양자 얽힘(비국소성)은 한 입자의 불확정성(비실재성)과 모순되지 않으므로 양자 역학에서는 ④비실재성·비국소성이 성립한다고 본다. 그런데도 양자 역학의 '비실재성'은 여전히 증명되지 않았고, 1970년대까지는 ①실재성·국소성 또는 ②실재성·비국소성의 가능성이 남아 있었다.

## 양자 역학의 기초를 둘러싸고

EPR 패러독스에 자극을 받은 **존 스튜어트 벨**(John Stewart Bell, 1928 ~1990)은 논의를 한 단계 더 진행시켜 실재성과 국소성이 양립하지 않는다는 것을 제시했다.[20] **벨의 정리**는 실증 가능한 예상을 이론적으로 제시한 면이 컸다. 레이저 광 등 실험 기술이 진보함에 따라 벨의 정리를 확인하는 실험이 가능해졌고, 양자 역학의 기초를 둘러싼 문제는 사고실험에서 실증적인 대상으로 변했다.

1982년, 이 흐름을 이어받은 알랭 아스펙트(Alain Aspect, 1947~)는 ①실재성·국소성의 가능성(국소 실재성)을 부정하는 실험 결과를 얻었다.[21] 또한 세 입자의 양자 얽힘을 생각하면 양자 역학은 국소 실재성을 부정하는 것으로 나타난다.[22] 이후의 실험은 대부분 양자 역학을 지지하지만 아직 결정적이라고 하기는 어렵다.

## 양자 역학은 완전할까?

양자론의 기초를 다진 아인슈타인은 양자 역학의 기초를 비판함으로써 여러 물리학자들과 사이가 멀어지면서 점점 고립됐다. 하지만 과학은 다수결로 결정되는 것이 아니므로 소수파의 생각이 반드시 틀렸다고는 할 수 없다. 다른 분야에서도 시류에 편승한 다수파의 연구 방향이 잘못된 경우가 종종 나타난다. 그런데도 대다수의 과학자는 상황을 지켜보다가 결국은 대세에 따르는 군중 심리 경향을 보인다.

만약 앞으로 양자 역학의 비실재성(④비실재성·비국소성)이 부정된다면 '실재성'을 견지한 아인슈타인의 신념은 옳은 것이 된다. 그리고 ②실재성·비국소성이라는 최후의 가능성으로 '양자 얽힘'과도 모순되지 않은 결론을 얻을 수 있다. 실제로 벨은 다음과 같이 엄격히 예측했다.

어쨌든 양자 역학적인 기술은 극복할 수 있는 것으로 생각된다. 이에 관해서는 인간이 만들어낸 모든 이론과 다를 바 없다.

하지만 예사롭지 않을수록 그 궁극의 운명은 내부 구조로부터 명백하다. '양자 역학적인 기술'은 그 자체로 파괴의 씨앗을 품었다.[23]

흥미롭게도 양자 역학의 개척에 공헌한 디랙 역시 물리학이 결정론으로 회귀된다고 생각했다.

> 현재의 양자 역학에 따르면, 보어를 수장으로 하는 확률 해석이 옳은 해석이 됩니다. 하지만 아인슈타인의 지적도 옳다고 생각합니다. 아인슈타인은 그의 표현에 따르면 선량한 신은 주사위놀이를 하지 않는다고 믿었습니다. 즉 그는 기본적으로 물리학은 결정론적인 성격을 가져야 한다고 믿었던 것입니다.
> 나는 최종적으로는 아인슈타인이 맞을 것이라고 생각합니다. 현재 양자 역학의 모습이 최종적인 모습이라고 생각해서는 안 되기 때문입니다.[24]

현재의 양자 역학은 실효적으로는 완전할지 모르나 '최종적인 모습'은 아니다. 그러나 이 때문에 양자 역학을 공부하는 데 망설임을 느낀다면 잘못이다. 한 책의 저자는 "양자 역학은 우리가 세계에 가진 역학적 묘사에 혼란을 주지만, 그러한 혼란이 있기 때문에 새로운 문제가 하나같이 재미있게 느껴진다"[25]라고 말한다.

예를 들어 뉴턴의 이론은 상대론이 등장한 이후로 가치가 떨어지기는커녕 오히려 빛을 발했다고 할 수 있다. 이는 아인슈타인[26]과 찬드라세카르[27]가 《자연철학의 수학적 원리》의 주요 발상을 해설한 것을 보더라도 명백하다.

과학이 뛰어난 이유는 예술 작품처럼 항상 발전하고 우리를 일깨우기 때문이다.

## 우주 원리와 인류 원리

이제 미시적 세계에서 거시적 세계로 돌아가 보자. '우주 원리'는 은하 이상의 매우 큰 규모에서 우주는 균일하고 등방적이라는 원리이다. 이 점은 관측적으로도 타당하며 인간 등의 관측자와 관련이 없는 우주관이다. 천문학에서는 천동설이 지동설로 대체됐듯, 인간이나 지구가 특별한 존재라는 생각을 서서히 버려왔다. 태양계는 은하계의 중심에 있지 않고 우리 은하계도 우주의 중심에 있지 않다. 더구나 우주는 균일하고 등방적이기 때문에 특별한 장소나 방향은 애초부터 존재하지 않는다.

이에 반해서 **인류 원리**는 인간과 같은 지적 생명체가 물리법칙과 관련이 있다는 가정이다. 좁은 의미에서 인류 원리는 물리법칙이 지적 생명체의 존재와 모순되어서는 안 된다는 것을 요청한다. 이것은 과학적인 논의이다.

한편 넓은 의미에서 인류 원리는 가능한 여러 우주 모형을 좁히기 위한 이유로 쓰인다. 하지만 이것으로 '인간이 태어나듯이 우주 역시 만들어져야 했기에 만들어졌다'라든지 '인간이 이해할 수 있도록 우주가 진화했다'라는 식의 주장을 뒷받침하려고 시도하는 것은 위험한 순환 논법이다. 지적 생명체의 존재가 우주의 구조를 결정했다는 말은 세상에서 가장 센 허풍일 것이다.

지동설 이후의 근대 과학과 현대 과학은 넓은 의미의 인류 원리에 대해서 부정적이다. 인간의 인식은 어디까지나 한정적인 능력이라고 생각해야 한다. 인간은 신이 아니다.

## 인간의 인식은 어떻게 구성될까?

그렇다면 인간은 자연법칙의 존재를 어떻게 인식할 수 있는 것일까? 인간의 인식을 구명하는 철학이 **인식론**epistemology이다. 여기서는 인식론이 발전하는 데 역사적으로 중요한 전환점이 됐던 임마누엘 칸트(Immanuel Kant, 1724~1804)의 생각을 소개하는 선에서 마무리한다. 칸트가 1781년에 저술한 《순수이성비판》의 제2부 '초월론적 논리학'의 첫머리에는 다음과 같은 말이 쓰여 있다.

우리의 인식은 마음의 두 원천에서 발생한다. 하나는 표상을 받아들이는 능력(인상에 대한 수용성)이고, 하나는 이 표상으로 대상을 인식하는 능력(개념을 만들어내는 자발성)이다. 전자는 우리에게 대상을 부여하고, 후자는 그 표상과 관련하여 대상을(마음을 단순히 한정한 것에 불과하다) 사고하게 한다. 그러므로 직관과 개념은 우리의 인식을 구성하는 요소이며, 스스로에 대응하는 직관이 없는 개념과 개념이 없는 직관은 인식을 발생시킬 수 없다. 직관과 개념은 순수하거나 경험적이다. 이들 안에(대상이 실제로 존재하는 것을 전제로 한다) 감각이 포함된다면 경험적이지만, 표상 안에 어떠한 감각도 섞이지 않았다면 순수하다. 감각은 감성적 인식의 소재라고 불러도 될 것이다. 따라서 순수한 직관은 그 안에 직관되는 형식을 포함할 뿐이며, 순수한 개념은 대상 전반을 생각하는 형식을 포함할 뿐이다. 아프리오리ₐ priori가 가능한 것은 순수한 직관이나 개념뿐이고, 경험적 직관이나 개념은 아포스테리오리ₐ posteriori만 가능하다.[28]

뇌과학도 아직 충분히 해명하지 못한 인식의 문제를 칸트는 명석하게 정리했다. 먼저 인식과 관련된 마음에는 두 방향의 메커니즘이 있다. 하나는 외부의 감각을 거쳐 뇌의 인지에 이르는 **상향식**bottom-up 과정이다. 다른 하나는 뇌의 사고력이나 상상력을 거쳐 지각되는 **하향식**top-down 과정이다. 전자는 감각에서 개념으로 이어지고 후자는 개념에서 감각으로 이어지는데, 각각은 나눌 수 없는 흐름을 지녔다.

한편 빨간 사과처럼 외부로 인식되는 것은 '대상'이다. 반면 사과의 색이나 모양처럼 뇌가 인식하는 것은 '표상'이나 '인상'이다. 상향식 과정은 수동적이며, 자동적으로 주의를 환기시킨다. 동시에 하향식 과정은 능동적이며 '맛있어 보이는 사과'와 같은 사고나 개념으로 이어진다.

앞으로 설명할 '경험적'과 '순수'는 감각이나 경험이 뒤섞였는지 아닌지로 구별하며 둘 다 직감과 개념에 모두 적용된다. 그리고 '순수'는 **아프리오리**에, '경험적'은 **아포스테리오리**에 대응한다. 아프리오리는 공간이나 시간처럼 경험에 앞선(선험적) 것이다. 반대로 아포스테리오리는 경험을 바탕으로 성립한다.

따라서 '순수 이성'은 아프리오리적 인식이다. 칸트는 경험을 초월하는 대상(물자체)을 인정하면서도 그것을 인식하는 것은 불가능하다며 '순수 이성'을 비판했고, 모든 존재를 고찰하려고 하는 **존재론**ontology을 부정했다.

한편 존재론을 내포하는 형이상학은 감각을 초월한 세계가 실재한다고 봤다. 칸트 이후 존재론과 형이상학은 새로운 형태로 부흥했고, 근대(19세기부터 20세기 초까지)와 현대의 실존주의 등으로 계승됐다. 칸트의 시대에 인식론이 중시됐던 배경에는 중세(16세기까지)의 신학과 종교관, 근세(16세기부터 18세기까지)의 휴머니즘 해방(르네상스)이 있었다. 신과 자연의 객관과 인간의 주관이 날카롭게 대립하던 그 안에서 존재론과 인식론은 대비를 이루었다. 칸트의 사상은 베토벤 등 동시대의 예술가들에게 깊

은 영향을 미쳤다. 칸트와 아인슈타인이 했던 서로 닮은 말을 소
개하는 것으로 내용을 정리하겠다.

> **칸트**  내용이 없는 사고는 공허하고, 개념이 없는 직관은 맹목
> 이다.[29]
> **아인슈타인**  종교가 없는 과학은 온전치 않고, 과학이 없는 종
> 교는 맹목이다.[30]

과학을 인간의 인식이나 사고(주관)로 파악하고 종교를 신이나
자연의 실재(객관)로 본다면, 인식론과 존재론이 나뉘어 대립하
는 상태에서는 문제의 진정한 해결에 이르지 못할 것이다.


## 인식과 언어

인간뿐 아니라 다른 동물의 뇌에도 인식의 상향식과 하향식의
두 가지 과정이 내재됐는데, '하향식' 과정이 매우 높은 수준까
지 끌어올려진 것이 인간이다. 이는 언어로 사고나 사상을 인식
할 수 있기 때문일 것이다. 실제로 '자신이 생각하는 것을 스스
로 이해하는' 사고의 구조화는 인간만이 가능하다.

　연구자들은 물론 많은 사람들이 오해하는 것처럼 언어는 인
간이 만든 것도 아니고 '진화'의 산물도 아니다. 생물의 진화에

서 적응한 종만이 살아남는 도태를 가리켜 '선택압'이라고 한다. 이 선택압은 언어에 거의 영향을 미치지 않았다. 언어는 인간 뇌의 생물학적 특성이라는 '자연법칙'에 따라 탄생한 것이다. 촘스키는 다음과 같이 말했다.

> 어떤 사소한 변화, 뇌 안에 사소한 재배선再配線이 있었던 것은 분명하며, 그 재배선에 따라 언어 시스템이 어떻게든 만들어졌다는 것을 의미합니다. 여기에 선택압은 존재하지 않습니다. 그러므로 언어 설계는 완벽했던 것입니다. 이는 그저 자연법칙에 따라서 일어난 일입니다.[31]

인간의 사고의 근본인 언어가 자연법칙을 따른다면, 인식 또한 근본은 자연법칙을 따른다고 생각해도 되지 않을까?

## 인식과 세계의 관계

인간의 '마음'이라는 현상은 기본적으로 일원론의 관점에서 다룬다. 이것은 언어나 사고, 인식을 자연현상의 일부로 설명하는 입장이기도 하다.

그림 L-2는 생명은 물질세계의 일부이고, 마음은 생명 현상의 일부라는 것을 의미한다. 물질세계가 모든 것을 뒷받침한다고 생각하는 것이다. 그림 L-3은 마음이 뇌 기능의 일부이고, 언어는 마음 작용의 일부라는 것을 의미한다. 마음의 극히 사소한 일부분만을 말로 표현할 수 있다.

다음으로 수학과 물리, 인식의 관계를 생각해보자. 그림 L-4의 왼쪽처럼, 물리 세계는 수학의 일부분을 사용해서 기술할 수 있기 때문에 수학 세계의 일부이다. 또 마음은 물질세계의 일부기 때문에 마음의 일부인 인식 세계도 물리 세계의 일부가 될 것이다. 그렇다면 인간은 물리 세계의 바깥에 펼쳐진 수학 세계(그림 L-4에서 'X' 표시된 부분)는 인식할 수 없다. 분명 이상한 일이다. 그림 L-4의 오른쪽처럼 인식 세계가 수학 세계로까지 튀어나왔다고 생각해야 하는데, 그렇게 하면 물리 세계를 벗어나므로 위쪽 그림에 대한 설명을 수정해야 한다. 이 문제를 **인식의 패러독스**라고 하자.

인식 세계에는 물리의 '관측'이나 수학의 '이해'가 포함될 수 있다. 둘 다 어려운 인식의 문제로, 인식의 패러독스를 더욱 복잡하게 만든다.

그림 L-5의 왼쪽에서 보이는 인식의 패러독스를 피하고자, 그림 L-5의 오른쪽처럼 수학 세계가 인식 세계의 일부라고 생각한 적이 있었다. 수학은 인간의 사고력이 만들어낸 창조물이며, 예술처럼 특수한 한 분야를 이루는 것 아닐까? 인식 세계에는 현실과 동떨어진 공상도 포함되므로 현실 세계를 초월한 특수한 수학 세계도 인식 세계에 포함될 수 있지 않을까?

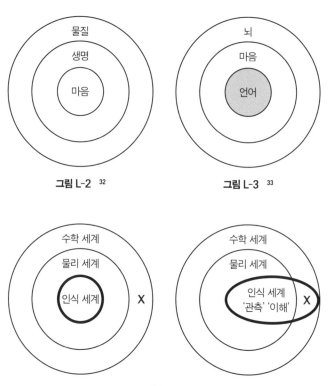

그림 L-2 [32]    그림 L-3 [33]

그림 L-4 [34]

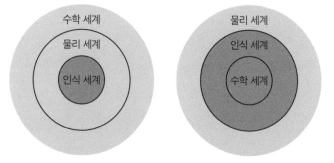

그림 L-5 [35]

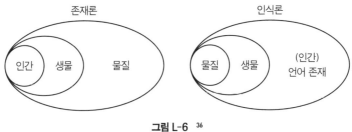

**그림 L-6** [36]

이러한 도식화는 다른 곳에서는 본 적이 없는데, 지인에게 받은 책에서 그림 L-6을 우연히 발견하고는 깜짝 놀랐다. 그 책의 저자도 같은 문제에 흥미를 느꼈는지 존재론에서 '인간'을 마음이나 언어로 치환하면 발상이 동일했다. 더구나 인식론에서 인간의 인식 세계를 확장시킨 점도 같다.

더 나아가 이 인식론은 물질세계(물리 세계)와 생물 세계도 역전시켰다. 예를 들어 '착각'이라는 뇌의 현상을 생각해보면, 물질세계에서는 일어나지 않는 인식이 인간이나 다른 생물에서는 발생하므로 이 그림의 관계를 이해할 수 있다.

다만 존재론과 인식론의 대립 구조가 철학으로부터 계승됐다는 점은 마음에 걸린다. 인간, 생물, 물질이라는 순서 관계(포함 관계나 계층 관계라고도 한다)가 존재론과 인식론에서 왜 역전되는지에 대한 설명이 부족하다. 게다가 물질이 인식하는 일은 없으므로 물질세계와 수학 세계의 관계는 인식론에서 다룰 수 없다.

그래서 이 책은 그림 L-7과 같은 인식론을 새롭게 제안한다. 인간의 인식 세계에는 모든 존재 세계가 그 구조를 유지한 채로

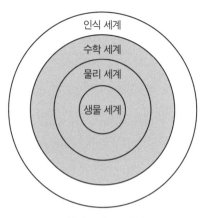

**그림 L-7** 새로운 인식론

들어 있다. 인식은 분명히 마음의 작용이지만 인식으로 얻은 세계는, 공상에 의한 가공의 세계를 비롯해 가장 바깥쪽에 펼쳐졌다고 생각한다. 수학 세계, 물리 세계, 생물 세계의 계층성이 유지되므로 인식의 패러독스를 피하면서 세계의 다종성을 설명할수 있다. 수학 세계의 내부는 모두 인간의 **과학적 인식**이라고 생각하면 된다.

앞에서 예로 든 '착각'은 생물 특유의 인식이라고 현상론적으로 파악할 것이 아니라 신경 세포와 관련된 물질적 변화의 일부로 봐야 한다. 생물 시스템이라는 독특한 세계는 대사나 발생·발달과 같은 생명 현상은 물론 감각·지각이나 인식에 있어서도 물리 세계 안에서 일정한 '세계'를 이룬다.

이 도식에 따르면 물리학에는 수학이 필수이고, 생물학에도 물리학과 수학이 필요하다는 점이 명백하다. 또한 자연과학의

모든 부분을 지탱하는 것은 언어 능력을 바탕으로 하는 인간의
인식 능력이다.


## 과학은 '설명'하기 위해 노력하는 것

과학이라는 생각법을 물리학의 역사와 함께 되짚어본 결론은
매우 단순하다. 자연의 불가사의한 현상을 '설명'하기 위해서는
몸을 내던져 끊임없이 노력해야 한다. 주변의 몰이해, 냉담함, 방
해, 스스로의 게으름과 자만심을 이겨내고 과학을 탐구할 수 있
는 사람은 소수에 불과할 것이다. 그 소수의 사람들에게 경의를
표하며 그들이 일군 지성의 산물을 더 많은 사람이 맛볼 수 있기
를 바란다. 철학자 마이클 폴라니(Michael Polanyi, 1891~1976)는 다
음과 같은 말을 남겼다.

> 그러한 지식을 유지한다는 것은 발견되어야 할 무엇인가가 반
> 드시 존재한다는 신념에 철저히 몰두한다는 것이다. 그것은
> 그 인식을 유지하는 인간의 개성이 포함된다는 의미에서, 또
> 한결같이 고독한 작업이라는 의미에서 개인적인 행위이다.[37]

이처럼 화형을 각오하고 학문의 경계를 넓히는 도전은 예술
의 도전과 완전히 같다.[38] 비록 과학적으로 우주나 물질을 연구

했더라도 궁극적으로는 인간이라는 존재를 인식하고 이해하는 것으로 이어진다. 영국의 시인 알렉산더 포프(Alexander Pope, 1688~1744)는 "인간이 해야 할 연구는 사람이다"[39]라고 말했다.

중요한 것은 과학의 실용적 성과보다는 '과학자'가 창조해내는 생각법이다. 이 책이 전달하고자 한 핵심이 아인슈타인의 이야기에서 거침없이 나타난다.

> 세계 구조의 합리성에 대한 깊은 믿음, 비록 이 세상에 드러난 이성의 작은 일부라도 끝까지 이해하고자 하는 크나큰 열망이 케플러와 뉴턴의 몸속에 살아 있었음이 분명하다. 그 결과 이들은 오랜 세월에 걸친 고독한 연구에서 천체의 역학적 메커니즘을 밝혀낼 수 있었다[!]. 과학 연구를 실용적 성과를 통해서만 생각하는 사람이라면 회의적인 동시대인들에게 둘러싸인 상황에서도 여러 시대에 걸쳐 여러 나라에 흩어졌던 동지들에게 길을 가르쳐온 이들의 마음을 이해하기 어려울 것이다. 이들과 같은 목적에 평생을 바친 사람만이, 끊임없는 실패에도 굴하지 않고 목적에 충실할 수 있도록 힘을 주고 격려를 보냈던 생생한 관념을 품을 수 있다.[40]

이쯤에서 아인슈타인의 다른 이야기로 이 책의 여정을 마무리하고자 한다. 고등학교 시절에 처음 접한 뒤로 줄곧 나의 나침반이 되어준 말이다.

나에게 충분한 것은 다음과 같은 생각이다. 과학이란 생명의 영원성이 주는 신비와 존재가 지닌 놀라운 구조의 의식과 예감, 더 나아가 자연에 자기를 드러낸 이성의 일부—비록 매우 작은 부분에 불과하더라도—를 이해하고자 하는 헌신적인 노력이다.[41]

# 참고문헌

## 1장 – 한번 과학적으로 생각해봅시다

1   볼프강 파울리 지음, C. P. 엔츠 엮음, 고바야시 데쓰로 옮김,《파울리 물리학
    강좌 1》, 고단샤, 1976, pp. 4~5.

2   A. Einstein & L. Infeld, *The Evolution of Physics* Simon and Schuster, 1938,
    p. 294.

3   사카이 구니요시,《언어의 뇌과학―뇌는 어떻게 언어를 만들어내는가》, 주코
    신쇼, 2002. [한국어판: 이현숙 · 고도흥 옮김,《언어의 뇌과학》, 한국문화사,
    2012]

4   H. Dukas and B. Hoffman, eds., *Albers Einstein: The Human Side – New
    Glimpses from his Archives* Princeton University Press, 1976, p. 8.

5   갈릴레오 갈릴레이 지음, 야마다 게이지 · 다니 유타카 옮김,《위폐 감식관》, 주
    오코론신샤, 2009, p. 57.

6   로저 베이컨 지음, 이토 슌타로 외 엮음,《로저 베이컨》(과학의 명저 3), 아사히출
    판사, 1980, pp. 94~99.

7   R. Feynman, *The Character of Physical Law*, The MIT Press, 1967, p. 58.

8   P. A. M. Dirac, "The evolution of the physicist's picture of nature",
    *Scientific American* 208(5), 1963, p. 53.

9   르네 데카르트 지음, 미야케 노리요시 · 고이케 다케오 옮김《방법서설》, 하쿠
    수이샤, 2001, p. 26.

10  도모나가 신이치로 지음,《거울 속 세계》, 미스즈쇼보, 1965, p. 139.

11  도모나가 신이치로 지음,《물리학이란 무엇인가》(상), 이와나미쇼텐, 1979, p.
    225.

12  M. Delbrück, "A physicist looks at biology", *Resonance* 4(11), 1999, p. 92.

13  *The Character of Physical Law*, p. 165.

14  사카이 구니요시, 앞의 책, p. 37.

15  기무라 모토오 지음,《생물 진화를 생각하다》, 이와나미쇼텐, 1988.

16  데이비드 콕스웰 지음, 사토 마사히코 옮김,《촘스키》, 겐다이쇼칸, 2004, p. 55. [한국어판: 송제훈 옮김,《만만한 노엄 촘스키》, 서해문집, 2017]

---

## 2장 ― 원리와 법칙을 이해하는 과학적 생각법

1  노엄 촘스키 지음, 후쿠이 나오키·즈시 미호코 엮음,《우리는 어떠한 생명체 인가―소피아 렉처스》, 이와나미쇼텐, 2015, p. 19.

2  가토 야치요 지음,《도모나가 신이치로 박사 사람과 말》, 교리츠출판, 2011, p. 74.

3  유클리드 지음, 나카무라 고시로 외 옮김,《유클리드 원론·추보판》, 교리츠출 판, 2011, p. 2.

4  A. Einstein, *Letters to Solovine*, Citradel Press, 1987, p. 62.

5  노엄 촘스키 지음, 후쿠이 나오키·즈시 미호코 옮김,《통사구조론》, 이와나미 분코, 2014, p. 10.

6  노엄 촘스키, 위의 책, p. 11.

7  M. 플랑크 지음, 쓰지 데쓰오 옮김,《정상 스펙트럼에서 에너지 분포 법칙 이 론》(물리학 고전 논문 총서), 도카이대학출판회, 1970, p. 221.

8  Ben Crowell, htp:/opencuriculum.org/5467/wav-optics/

9  R. Feyman, R. B. Leighton & M. L. Sands, *The Feynman Lectures on Physics*, Adison-Wesley, 1963, Chapter 37.

10  도모나가 신이치로 지음,《양자 역학적 세계상》(도모나가 신이치로 저작집 8), 미스 즈쇼보, 1982, pp. 3~40. [한국어판: 권용래 옮김,《양자 역학적 세계상》, 전파 과학사, 1974]

11  도모나가 신이치로, 위의 책, pp. 3~14.

12  도모나가 신이치로, 위의 책, p. 16.

13  도모나가 신이치로, 위의 책, pp. 28~33.

14  도모나가 신이치로, 위의 책, pp. 30~33.

15  P. A. M 디랙 지음, 도모나가 신이치로 외 옮김,《양자 역학·원서 제4판》, 이와 나미쇼텐, 1968, p. 9.

16  The double-slit experiment. *Physics World*, http://physicsworld.com/ cws/article/print/2002/sep/01/the-doouble-slit-experiment

17  도노무라 아키라 지음,《양자 역학을 본다》, 이와나미과학라이브러리, 1995, pp. 50~56.

18  도노무라 아키라, 위의 책, pp. 54~55.

19  G. Gamow, "The principle of uncertainty", *Scientific American* 198(1), 1958, pp. 51~57.

20  조지 가모브 지음, 시즈메 야스오 옮김,《물리의 전기》(가모브 전집 10), 하쿠요샤, 1962, p. 330.

21  조지 가모브, 위의 책, p. 331.

22  W. Heisenberg, "Über den anschaulichen Inhalt der quantentheoretischen Kinematik und Mechanik", *Zeitschrift für Physik* 43, 1927, pp. 172~198.

23  요시오카 다이지로 지음,《진동과 파동》, 도쿄대학출판회, 2005, p. 175.

24  요시오카 다이지로, 위의 책, pp. 176~179.

25  G. Fechner, trans., H. E. Adler, *Elements of Psychothysics*, Holt, Rinehart and Winston, 1966, pp. 112~198.

26  노엄 촘스키, 앞의 책, p. 74.

27  *The Feynman Lectures on Physics*, pp. 26~23.

## 3장 - 원에서 타원으로

1  아스트로아츠, http://www.astroarts.co.jp/special/2006autumn/various-j.shtml(24절기 일부 생략)

2  E. Zerubavel, *The Seven Day Circle: The History and Meaning of the Week*, The University of Chicago Press, 1989, pp. 14~19.

3  스기모토 다이치로·하마다 다카시 지음,《우주지구과학》, 도쿄대학출판, 1975, p. 12.

4  요하네스 케플러 지음, 오쓰키 신이치로·기시모토 요시히코 옮김,《우주의 신비》, 고사쿠샤, 1982, p. 2.

5  요하네스 케플러 지음, 기시모토 요시히코 옮김,《우주의 조화》, 고사쿠샤, 2009, p. 2.

6  유클리드 지음, 나카무라 고시로 외 옮김,《유클리드 원론·보판》, 교리츠출판, 2011, pp. 434~435.

7  R. J. 윌슨 지음, 니시제키 다카오·니시제키 유코 옮김,《그래프이론 입문 원서

제4판》, 긴다이과학사, 2001, pp. 90~93.

8    요하네스 케플러, 《우주의 신비》, p. 2.

9    요하네스 케플러, 《우주의 신비》.

10   요하네스 케플러, 《우주의 신비》, p. 96.

11   요하네스 케플러, 《우주의 신비》, p. 191.

12   J. Kepler, trans., J. Bromberg, *The Six-Cornered Snow Flake: A New Year's Gift* Paul Dry Books, 2010, pp. 54~59.

13   조지 G. 슈피로 지음, 아오키 가오루 옮김, 《케플러의 추측―400년의 난제가 풀리기까지》, 신초분코, 2014. [한국어판: 심재관 옮김, 《케플러의 추측》, 영림 카디널, 2004]

14   Thomas Hales, et al., http://code.google.com/p/flyspeck/wiki/AnnouncingCompletion

15   요하네스 케플러, 《우주의 신비》, p. 198.

16   요하네스 케플러, 《우주의 신비》, p. 248.

17   요하네스 케플러 지음, 기시모토 요시히코 옮김, 《신천문학》, 고사쿠샤, 2013, p. 57.

18   아서 쾨슬러 지음, 오비 신야·기무라 히로시 옮김, 《요하네스 케플러―근대 우주관의 여명》, 지쿠마학예문고, 2008, p. 291.

19   아서 쾨슬러, 위의 책, pp. 164~165.

20   BBC 뉴스, http://www.bbc.com/news/science-environment-20344201

21   요하네스 케플러 지음, 기시모토 요시히코 옮김, 《신천문학》, 고사쿠샤, 2013.

22   요하네스 케플러, 《신천문학》, p. 57.

23   요하네스 케플러, 《신천문학》, p. 389.

24   야노 겐타로 지음, 《수학사》, 과학신흥사, 1967, pp. 44~45.

25   J. C. Maxwell, *Matter and Motion*, Prometheus Books, 2002, pp. 105~109.

26   요하네스 케플러, 《신천문학》, pp. 393~394.

27   요하네스 케플러, 《신천문학》, p. 395.

28   사카이 구니요시 지음, 《과학자라는 일―독창성은 어떻게 탄생하는가》, 주코 신쇼, 2006, p. 59.

29   사카이 구니요시 감수, 《과학자의 머릿속―그 이론이 탄생한 순간》, 신켄제미 고교강좌, 베네세 코퍼레이션, 2007, p. 10.

30   사카이 구니요시 지음, 《세상에서 가장 재미있는 상대성이론》, 지브레인, 2018, 3장.

31  사카이 구니요시, 《과학자의 머릿속》, p. 9.

32  아서 쾨슬러, 앞의 책, pp. 297~298.

33  A. P. 프렌치 엮음, 가키우치 요시노부 외 옮김, 《아인슈타인―과학자로서·인
    간으로서》, 바이후칸, 1981, p. 49.

34  J. Kepler, *Epitome of copernican Astronomy & Harmonies of the World*,
    Prometheus Books, 1995, pp. 135~143.

35  A. E. L. Davis, "The mathmatics of the area law: Kepler's successful
    proof in Epitome Astronomiae Copernicanae", Archive for History of
    Exact Science. 57, 2003, pp. 353~393.

36  요하네스 케플러, 《신천문학》, pp. 539~540.

37  요하네스 케플러, 《신천문학》, p. 541.

38  Lunar and Planetary Institute, http://www.1pi.usra.edu/lunar/missions/
    clementine/images/

39  일본국립천문대, http://www.nao.ac.jp/gallery/paper-craft/moon.html

## 4장 – 케플러에서 뉴턴으로

1   요하네스 케플러 지음, 기시모토 요시히코 옮김, 《신천문학》, 고사쿠샤, 2013,
    p. 378.

2   요하네스 케플러 지음, 기시모토 요시히코 옮김, 《우주의 조화》, 고사쿠샤,
    2009.

3   요하네스 케플러, 《우주의 조화》, pp. 423~424.

4   요하네스 케플러, 《우주의 조화》, p. 424.

5   요하네스 케플러, 《우주의 조화》, p. 405.

6   르네 데카르트 지음, 미야케 요리노시 외 옮김, 《방법서설 및 세 가지 시론》(데
    카르트 저작집 1), 하쿠수이샤, 2001.

7   르네 데카르트 지음, 미와 마사시·혼다 에타로 옮김, 《철학 원리》(데카르트 저
    작집 3), 하쿠수이샤, 2001. [한국어판: 원석영 옮김, 《철학의 원리》, 아카넷,
    2002]

8   르네 데카르트, 《철학원리》, p. 103.

9   갈릴레오 갈릴레이 지음, 야마다 게이지 외 옮김, 《성계의 보고 외 1편》, 이와
    나미분코, 1976, pp. 118~119.

10  갈릴레오 갈릴레이, 위의 책, p. 152.

11  르네 데카르트,《철학 원리》, p. 104.

12  르네 데카르트,《철학 원리》, p. 105.

13  르네 데카르트,《철학 원리》, p. 107.

14  A. Einstein, "Foreword to *Opticks* by Sir Isac Newton", IixDover, 1979.

15  ⓒTrinity College, Cambridge (Photograph by Dona Haycraft)

16  아이작 뉴턴 지음, 가와베 로쿠오 옮김,《자연철학의 수학적 제반 원리》(세계의 명저 31), 주오코론샤, 1979.

17  I. Newton (A new translation by I. Barnard Cohen & A. whiteman), *The Principia*, Mathematical Principles of Natural Philosophy, University of California Press, 1999.

18  Ibid., p. 408.

19  Ibid., pp. 408~409.

20  Ibid., pp. 403~404.

21  Ibid., pp. 700~701.

22  유카와 히데키 지음,《물리 강의》, 고단샤학술문고, 1977, pp. 33~34.

23  I. Newton, op. cit., p. 404.

24  I. Newton, op. cit., p. 416.

25  I. Newton, op. cit., p. 405.

26  I. Newton, op. cit., p. 404.

27  I. Newton, op. cit., p. 405.

28  I. Newton, op. cit., p. 416.

29  I. Newton, op. cit., p. 417.

30  하시모토 다케히코 지음,《'과학의 발상'을 찾아서 ― 자연철학에서 현대과학까지》, 사유샤, 2010, p. 111.

31  I. Newton, op. cit., pp. 444~445.

32  I. Newton, op. cit., pp. 462~463.

33  I. Newton, op. cit., pp. 468.

34  I. Newton, op. cit., pp. 800.

35  I. Newton, op. cit., pp. 794.

36  I. Newton, op. cit., pp. 795.

37  I. Newton, op. cit., pp. 796.

38  I. Newton, op. cit., pp. 796.

39  W. Stukeley, *Memoirs of Sir Isac Newton's Life, The Royal Society*, http://ttp.royalsociety.org/ttp/

40  I. Newton, A Treatise of the System of the World, 挿入図 Dover, 2004, p. 6.

41  I. Newton, *The Principia*, pp. 802.

42  I. Newton, *The Principia*, pp. 802.

43  I. Newton, *The Principia*, pp. 810.

44  I. Newton, *The Principia*, pp. 810~811.

45  장자 지음, 모리 미키사부로 옮김, 《장자 Ⅰ》, 주오코론샤, 2001, pp. 124~125.

46  I. Newton, *The Principia*, pp. 943.

---

## 5장 - 갈릴레오에서 아인슈타인으로

1   I. 아시모프 지음, 미나가와 요시오 옮김, 《과학 기술 인명사전》, 교리츠출판, 1971, p. 75~76.

2   갈릴레오 갈릴레이 지음, 아오키 세이조 옮김, 《천문 대화》(상), 이와나미분코, 1959; 갈릴레오 갈릴레이 지음, 아오키 세이조 옮김, 《천문 대화》(하), 1961.

3   갈릴레오 갈릴레이, 《천문 대화》(상), p. 217.

4   갈릴레오 갈릴레이, 《천문 대화》(상), p. 221.

5   갈릴레오 갈릴레이, 《천문 대화》(상), p. 221.

6   일본 기상청, http://www.jma.go.jp/jma/kishou/know/typhoon/1-2.html

7   L. Figuier, *Les Nouvelles conquêtes de la Science, L'électricit*, Librairie Illustrée, 1883, p. 29.

8   나쓰메 소세키 지음, 《행인》(소세키 전집 5권), 이와나미쇼텐, 1966, p. 748. [한국어판: 유숙자 옮김, 《행인》, 문학과지성사, 2001]

9   재능교육연구회, http://kinenkan.suzukimethod.or.jp/exhibition.html

10  알베르트 아인슈타인 지음, 나카무라 세이타로 · 이가라시 마사타카 옮김, 《자전 노트》, 도쿄토쇼, 1978, pp. 36~37.

11  알베르트 아인슈타인, 위의 책, pp. 13~14.

12  C. 셀리그 지음, 히로시케 데쓰 옮김, 《아인슈타인의 생애》, 도쿄토쇼, 1974, p. 136.

13  알베르트 아인슈타인, 앞의 책, pp. 74~75.

14  G. Holton, "Einstein and the 'crucial' experiment", *American Journal of Physics* 37, 1969, p. 969.

15  사카이 구니요시 지음,《얼마나 쉽고 정확히 전달할 것인가》, *Journalism* No. 291, 2014, pp. 70~77.

16  알베르트 아인슈타인 지음, 우치야마 료유 옮김,《상대성이론》, 이와나미분코, 1988, pp. 20~21.

17  알베르트 아인슈타인,《자전 노트》, p. 77.

18  사카이 구니요시 감수,《과학자의 머릿속 ─ 그 이론이 탄생한 순간》, 신켄제미 고교강좌, 베네세코퍼레이션, 2007, p. 20.

## 6장 - 일과 에너지

1  I. 아시모프 지음, 미나가와 요시오 옮김,《과학 기술 인명사전》, 교리츠출판, 1971, pp. 192~194.

2  Hermann Helmholtz, trans., A. J. Ellis, *On the Sensation of Tone as a Physiological Basis for the Theory of Music*, Dover, 1954.

3  사카이 구니요시 감수,《과학자의 머릿속 ─ 그 이론이 탄생한 순간》, 신켄제미 고교강좌, 베네세코퍼레이션, 2007, p. 24.

4  사카이 구니요시, 위의 책, p. 27.

## 7장 - 관성력의 재검토

1  A. P. 프렌치 엮음, 가키우치 요시노부 외 옮김,《아인슈타인 ─ 과학자로서·인간으로서》, 바이후칸, 1981, p. 203.

2  http://www.teachersource.com/product/hoberman-switch-pitch-ball/chemistry

3  물리학사전 편집 위원회 엮음,《물리학 사전 삼정판》, 바이후칸, 2005, pp. 427~428.

4  NASA, http://grin.hq.nasa.gov/ABSTRACTS/GPN-2000-001156.html

5  우주정보센터, http://spaceinfo.jaxa.jp/ja/weightlessness_airplanes.html

6  I. Newton (A new translation by I. Barnard Cohen & A. whiteman), *The Principia*,

Mathematical Principles of Natural Philosophy, University of California Press, 1999, pp. 412~413.

7   J. B. Barbour & H. Pfister, Eds., *Mach's Principle: From Newton's Bucket to Quantum Gravity (Einstein Studies, Vol. 6)*, Birkhäuser, 1938, p. 13.

8   에른스트 마흐 지음, 이와노 히데아키 옮김, 《마흐 역학사》(상), 지쿠마학예문고, 2006, pp. 360~362.

9   A. Einstein, "Über das Relativitätsprinzip und aus demselben gezogenen Folgerungen", *Jahrbuch der Radioaktivität und Elektronik* 4, 1907, p. 454.

10  아브라함 파이스 지음, 니시지마 가즈히코 감역, 가네코 쓰토무 외 옮김, 《신은 교활하고…—아인슈타인의 사람과 학문》, 산교토쇼, 1987, p. 230.

11  사카이 구니요시 감수, 《과학자의 머릿속—그 이론이 탄생한 순간》, 신켄제미 고교강좌, 베네세코퍼레이션, 2007, p. 21.

12  A. P. 프렌치, 앞의 책, p. 159.

---

## 8장 - 지구에서 우주로

1   A. P. 프렌치 엮음, 가키우치 요시노부 외 옮김, 《아인슈타인—과학자로서·인간으로서》, 바이후칸, 1981, p. 160.

2   E. M. Rogers, *Physics for the Inquiring Mind: The Method, Nature, and Philosophy of Physical Science*, Princeton University Press, 1960.

3   사카이 구니요시 지음, 《생각하는 교실》, 지쓰교니혼샤, 2015, p. 103.

4   사카이 구니요시, 위의 책, p. 105.

5   유클리드 지음, 나카무라 고시로 외 옮김, 《유클리드 원론·추보판》, 교리츠출판, 2011.

6   유클리드, 위의 책, p. 3.

7   유클리드, 위의 책, pp. 2~3.

8   더글라스. R. 호프스태터 지음, 노자키 아키히로 외 옮김, 《괴델, 에셔, 바흐—혹은 이상한 고리》, 하쿠요샤, 1985, p. 106. [한국어판: 박여성 옮김, 《괴델, 에셔 바흐—영원한 황금 노끈》, 1999, 까치]

9   유클리드, 위의 책, pp. 2~3.

10  도오야마 히라쿠, 야노 겐타로 엮음, 《수학 세미나》, 닛폰효론샤, 1972, p. 120.

11  사카이 구니요시, 앞의 책, p. 107.

12  아다치 노리오 외 엮고 옮김, 《리만 논문집》, 아사쿠라쇼텐, 2004, p. 303.

13  알베르트 아인슈타인 지음, 가네코 쓰토무 옮김, 《특수 및 일반상대성이론에 대해서 신장판》, 하쿠요샤, 2004, p. 113.

14  아다치 노리오 외, 《리만 논문집》, p. 307.

15  A. Eienstcin, *The Collected Papers of Albert Einstein*, Vol. 8 (*The Berlin Years: Correspondence*, 1914~1918, Part A: 1914~1917), Princeton University Press, 1988, p. 88.

16  A. Eienstein, *The Collected Papers of Albert Einstein*, Vol. 6 (*The Berlin Years: Writtings*, 1914~1917), Princeton University Press, 1996, p. 215.

17  A. Eienstein, *The Collected Papers of Albert Einstein*, Vol. 6, p. 224.

18  우치야마 료유 엮고 옮김, 《일반상대성이론 및 통일장이론》(아인슈타인 선집 2), 교리츠출판, 1970, p. 58.

19  C. M. Will, "Einstein on the firing line", *Physics Today* 25 (10), 1972, pp. 23~29.

20  C. W. 미스너 외 지음, 와카노 마사미 옮김, 《중력이론―고전역학에서 상대성이론까지, 시공간 기하학에서 우주의 구조로》, 마루젠출판, 2011, p. 1118.

21  로완 로빈슨 지음, 오비 신야 외 옮김, 《우주론》(옥스퍼드 물리학 시리즈 15), 마루젠출판, 1980, pp. 75~77.

22  우치야마 료유, 앞의 책, p. 144.

23  에드윈 허블 지음, 에비스자키 도시카즈 옮김, 《은하의 세계》, 이와나미분코, 1999.

24  A. Eienstein & W. de sitter, "On the relation between the expansion and the mean density of the universe", *Proceedings of the National Academy of Sciences*, 18, 1932, pp. 213~214.

25  로완 로빈슨, 앞의 책, pp. 121~125.

26  S. 와인버그 지음, 오비 신야 옮김, 《우주 창성 시작 3분간》, 다이아몬드샤, 1977.

27  A. G. Riess & M. S. Turner, "From Slowdown to Speedup", *Scientific American* 290(2), 2004, pp. 62~67.

28  데라다 도라히코 지음, 《과학자와 머리》(데라다 도라히코 전집 4권), 이와나미분코, 1950, p. 366.

29  J. B. Barbour & H. Pfister, Eds., *Mach's Principle: From Newton's Bucket to Quantum Gravity* (*Einstein Studies, Vol. 6*), Birkhäuser, 1938, pp. 180~187.

30 조지 가모브 지음, 사키카와 노리유키 옮김, 《신판 1, 2, 3… 무한대》, 하쿠요샤, 2004, p. 132.

31 우치야마 료유, 앞의 책, pp. 21~32.

32 우치야마 료유, 앞의 책, p. 118.

33 F. W. Dyson, A. S. Eddington & C. Davidson, "A determination of the deflection of light by the Sun's gravitational field, from observation made at the total eclipes of May 29, 1919", *Philosophical Transactions of the Royal Society of London, Series A*, 220, 1920, pp. 291~333.

34 사카이 구니요시 감수, 《과학자의 머릿속―그 이론이 탄생한 순간》, 신켄제미 고교강좌, 베네세코퍼레이션, 2007, p. 21.

35 우치야마 료유, 앞의 책, pp. 106~108.

36 다니카와 슌타로 지음, 《이십억 광년의 고독》, 니혼토쇼센터, 2000, pp. 71~73. [한국어판: 김응교 옮김, 《이십억 광년의 고독》, 문학과지성사, 2009]

37 다니카와 슌타로 지음, W. I. 엘리엇・가와무라 가즈오 옮김, 《20억 광년의 고독》, 슈에이샤분코, 2008, p. 134.

38 A. Eienstein, *The Collected Papers of Albert Einstein*, Vol. 8, pp. 206~208.

39 우치야마 료유, 앞의 책, pp. 115~124.

40 A. P. 프렌치, 앞의 책, p. 117.

41 우치야마 료유, 앞의 책, pp. 159~174.

42 B. P. Abbott et al., "Observation of gravitational waves from a binary black hole merger", *Physical Review Letters* 116, 061102, 2016, p. 3.

43 수브라마니안 찬드라세카르 지음, 도요다 아키라 옮김, 《진리와 미―과학에서의 미의식과 동기》, 호세이대학출판국, 1998, pp. 259~260.

44 수브라마니안 찬드라세카르, 《진리와 미》, p. 105.

45 S. Chandrasekhar, *The Mathmatical Theory of Black Holes*, Oxford University Press, 1983, p. 1.

46 A. Pais, *Einstein Lived Here*, Oxford University Press, 1994.

---

## 9장 – 확률론에서 인식론으로

1 미나미 유스케・후쿠미쓰 요코 지음, 《더욱 알고 싶은 마그리트》, 도쿄비쥬쓰, 2015, p. 61.

2   E. Schrodinger, *Mind and Matter*, Cambridge University Press, 1958, p. 1.

3   I. 프리고진 지음, 고이데 쇼이치로·아비코 세이야 옮김,《존재에서 발전으로─물리 과학에서 시간과 다양성》, 미스즈쇼보, 1984, p. 56.

4   미키 기요시 지음,《인생론 노트》, 신초분코, 1954, pp. 96~97.

5   피에르 시몽 라플라스 지음, 히구치 준시로 옮김,《확률에 대한 철학적 시론》(세계 명저 79), 주오코론샤, 1979, p. 164.

6   피에르 시몽 라플라스, 위의 책, p. 166.

7   하인리히 헤르츠 지음, 가미카와 도모요시 옮김,《역학 원리》, 도카이대학출판회, 1974, p. 21.

8   James Clerk Maxwell, Ed., P. M. Harman, *The Scientific Let ters and Papers of James Clerk Maxwell*, Vol. II (1862~1873), Cambridge University Press, 1995, pp. 331~332.

9   L. Szilard, "Über die Entropieverminderung in einem thermodynamischen System bei Eingriffen intelligenter Wesen", *Zeitschrift für Physik*, 53, 1929, pp. 840~856.

10  S. Toyabe, et al. Nature Physics, 6, 2010, pp. 988~992.

11  E. Schrödinger, "Die gegenwärtige Situation in der Quantenmechanik", *Naturwissenschaften* 23, 1935, p. 812.

12  와다 스미오 지음,《양자 역학이 말하는 세계상─거듭되는 복수의 과거와 미래》, 고단샤블루박스, 1994, pp. 162~168.

13  H. Everett, "Relative state' formulation of quantum mechanics", *Review of Physics* 29, 1957, pp. 454~460.

14  S. Haroche Ⅲ, "Entanglement, Decoherence and the Quantum/Classical Boundary", *Physics Today* 51(7), 1998, pp. 36~42.

15  아브라함 파이스 지음, 니시지마 가즈히코 감역, 가네코 쓰토무 외 옮김,《신은 교활하고…─아인슈타인의 사람과 학문》, 산교토쇼, 1987, p. 3.

16  A. Einstein, collected & ed., A. Calaprice, *The Ultimate Quotable Einstein*, Princeton University Press, 2011, p. 380.

17  A. Einstein, B. Podolsky and N. Rosen, "Can quantum-mechanical description of physical reality beconsidered complete?", *Physical Review* 47, 1935, pp. 777~780.

18  E. Schrödinger, "Discusion of probability relations between separated systems", *Mathematical Proceeding of the Cambridge Philosophical*

_Society_ 31, 1935, pp. 555~563.

19 후루사와 아키라 지음, 《양자 얽힘이란 무엇인가》, 고단샤블루박스, 2011, pp. 134~143.

20 J. S. Bell, "On the Einstein Podolsky Rosen paradox". _Physics_ 1, 1964, pp. 195~200.

21 A. Aspect, P. Grangier, G. Roger, "Experimental realization of Einstein-Podolsky-Rosen-Bohm Gedankenexperiment: A new violation of Bell's inequalities", _Physical Review Letters_ 49, 1982, pp. 91~94.

22 앤드류 휘태커 지음, 와다 스미오 옮김, 《아인슈타인의 패러독스—EPR문제와 벨의 정리》, 이와나미쇼텐, 2014, pp. 189~191.

23 J. S. Bell, _Speakable and Unspeakable in Quantum Mechanics_, Second Edition, Cambridge University Press, 2004, p. 27.

24 P. A. M. 디랙 지음, 오카무라 히로시 옮김, 《디랙 현대물리학 강의》, 지쿠마학예문고, 2008, p. 33.

25 조지 그린스타인·아서 G. 자이언스 지음, 모리 히로유키 옮김, 《양자론이 시험받을 때—획기적인 실험으로 기본 원리의 미해결 문제에 도전한다》, 미스즈쇼보, 2014, p. 9.

26 D. L. Goodstein & J. R. Goodstein, _Feynman's Lost Lecture: The Motion of Planets Around the Sun_, W. W. Norton, 1996.

27 S. Chandrasekhar, _Newton's Principia for the Common Reader_, Clarendon Press, 1955.

28 임마누엘 칸트 지음, 우쓰노미야 요시아키 외 옮김, 《순수이성비판(상)》, 이분샤, 2004, pp. 113~114.

29 임마누엘 칸트, 위의 책, p. 114.

30 A. Einstein, _Ideas and Opinions_, Crown Publishers, 1954, p. 46.

31 노엄 촘스키 지음, 후쿠이 나오키·즈시 미호코 엮음, 《우리는 어떠한 생명체인가—소피아 렉처스》, 이와나미쇼텐, 2015, p. 32.

32 사카이 구니요시 지음, 《마음에 도전하는 인지 뇌과학》, 이와나미과학라이브러리, 1997, p. 4.

33 사카이 구니요시 지음, 《언어의 뇌 과학—뇌는 어떻게 언어를 만들어내는가》, 주코신쇼, 2002, p. 9.

34 사카이 구니요시 지음, 《과학자라는 일—독창성은 어떻게 탄생하는가》, 주코신쇼, 2006, p. 75.

35  《철학의 역사 별권—철학과 철학사》, 주오코론신샤, 2008, p. 299.

36  사카키바라 요 지음, 《말을 노래하라! 아이들·증보판》, 지쿠마쇼보, 1989, p. 205.

37  마이클 폴라니 지음, 다카하시 이사오 옮김, 《암묵지의 차원》, 지쿠마학예문고, 2003, pp. 51~52.

38  사카이 구니요시, 소가 다이스케, 하부 요시하루, 마에다 도모히로, 센주 히로시, 〈창조적 능력이란—"예술을 창조하는 뇌"를 둘러싸고〉 UP(University Press) 43(7), No. 501, 도쿄대학출판회, 2014, pp. 1~18.

39  A. Pope, *Essay on Man & Other Poems*, Dover, 1994, p. 53.

40  알베르트 아인슈타인 지음, 이노우에 겐 외 옮김, 《아인슈타인과 그 사상》(아인슈타인 선집 3), 교리츠출판, 1972, pp. 61~62.

41  알베르트 아인슈타인, 위의 책, p. 24.

# 찾아보기

옮긴이 **김남미**

전북대학교 일어일문과를 졸업한 후 번역가의 꿈을 품고 글밥 아카데미
에서 출판 번역을 공부했다. 현재 바른번역 소속 번역가로 활동 중이다.
옮긴 책으로《행운의 소리》,《들어봐요, 호오포노포노》,《아이의 민감기》,
《페이퍼퀼링 레슨북》등이 있다.

# 한번 과학적으로 생각해보겠습니다

| | |
|---|---|
| 초판 1쇄 발행 | 2019년 2월 27일 |
| 지은이 | 사카이 구니요시 |
| 옮긴이 | 김남미 |
| 책임편집 | 김은수 |
| 편집 | 성연이 강민영 |
| 디자인 | 고영선 김수미 |
| 펴낸곳 | (주)바다출판사 |
| 발행인 | 김인호 |
| 주소 | 서울시 마포구 어울마당로5길 17 5층(서교동) |
| 전화 | 322-3675(편집), 322-3575(마케팅) |
| 팩스 | 322-3858 |
| E-mail | badabooks@daum.net |
| 홈페이지 | www.badabooks.co.kr |
| ISBN | 979-11-965173-9-7 03400 |